节约型园林建设研究丛书

浙江省自然科学基金资助项目（LY16E080009）

杭州市园林绿化股份有限公司研发基金资助项目

地域性园林
景观的传承与创新

李寿仁　陈　波　陈伯翔　陈　宇　王丽茜◎著

中国电力出版社

CHINA ELECTRIC POWER PRESS

内 容 提 要

全球性的"文化趋同"现象普遍出现，使得城市的地域特色逐渐消亡，寻求地域特色是当代园林景观面临的急迫问题。目前，中国的园林景观设计已经逐步开始重视本土文脉和地域文化的探寻，具有中国传统风格的作品数量正在逐渐上升，酒城泸州就是其中的一个典型代表。因此，本书以地域性为出发点，以泸州城市园林为研究对象，分为上下两篇，上篇是泸州地域性城市园林景观研究，下篇是泸州地域性园林景观项目赏析；希望通过厘清泸州园林发展脉络，探究泸州地域性要素特征，并结合实例，深度把握泸州的地域性园林景观特色，以期为泸州及各地塑造富有地域特色的城市园林景观提供参考。

本书适用于园林设计师、景观设计师、风景园林专业师生及相关专业人员参考使用。

图书在版编目（CIP）数据

地域性园林景观的传承与创新 / 李寿仁等著．—北京：中国电力出版社，2019.1
（节约型园林建设研究丛书）
ISBN 978-7-5198-2740-3

Ⅰ．①地…　Ⅱ．①李…　Ⅲ．①园林艺术－研究－泸州　Ⅳ．① TU986.627.13

中国版本图书馆 CIP 数据核字 (2018) 第 273391 号

出版发行：中国电力出版社
地　　址：北京市东城区北京站西街 19 号（邮政编码 100005）
网　　址：http://www.cepp.sgcc.com.cn
责任编辑：曹　巍　（010-63412609）
责任校对：黄　蓓　太兴华
责任印制：杨晓东

印　　刷：北京九天众诚印刷有限公司
版　　次：2019 年 1 月第 1 版
印　　次：2019 年 1 月北京第 1 次印刷
开　　本：710mm×1000mm　16 开本
印　　张：14.5
字　　数：225 千字
定　　价：68.00 元

丛书指导委员会

前　言

随着经济的发展、科技的进步、人口的增长、信息的传播，城市在进行着大规模的兴建。20 世纪 50 年代以来，中国的城镇化率从 1949 年的 10.64%上升到 2017 年的 58.52%，发展速度为世界水平的 2 倍多。但是在讲求效率和速度的同时，地域性逐渐被忽视，全球性的文化浪潮使得世界范围内出现普遍的"文化趋同"现象，城市的地域特色在逐渐消亡，全球化变得越来越明显。这种现象正是人们的价值观念与社会生活方式趋同的表现。伴随世界经济、科技、文化一体化的冲击，这种趋势不仅在发达国家内扩展，在许多发展中国家的城市进程中也出现了现代与传统、外来与传统的冲撞和融合。以经济为代表的盲目模仿，其后果是城市景观千篇一律、城市风貌缺乏特色、城市空间单调乏味，从而失去了城市的个性和内涵。因此，寻求地域特色是当代风景园林学、建筑学、城乡规划学所面临的共同问题。

园林景观扎根于不同的地域文化沃土之中，呈现出千姿百态的变化，犹如周易八卦中的爻变，因人、因时、因地域、因天象而有不同的形态。在地域性的概念里，不仅包括了各地区内独具特色的自然地理环境，更包含了此区域社会发展过程中，人们所形成的特有的生活方式、行为习俗、思维模式、价值取向以及经济技术等。它深深地镌刻于人们的意识形态之中。目前，城市园林景观建设正在如火如荼地进行着，整体性的景观改造让环境有了很大的改善，但同时缺点也是比较突显的，比如导致各地园林景观呈现出千城一面的混沌效果。其主要原因是由于传统内涵的缺失，盲目的拿来主义让景观迷失了自我，走向了不伦不类的设计之路。而那些属于我们自己的经千年锤炼的传统文化风貌却正在消失，取而代之的是没有内涵的盲目抄袭模仿的所谓西方现代景观。这样的景观是缺乏文化和时间积累的，注定要失败的。面对现今的尴尬局面，在西方经典景观建设于中国大行其道之后，放眼我们身边的国内园林景观市场，地域主义回归的风潮已经悄然兴起并逐渐呈现出良好的发展势头。中国的园林景观设计领域已经将风向转向寻找本土文脉和地域文化上来，具有中国传统风格的作品数量正在逐步上升，酒城泸州就是其中的一个典型代表。

泸州位于我国四川省南部，有着两千多年的建城史，是个因酒而兴、以酒闻名的城市。著名的泸州老窖、古蔺郎酒就出产于此。在园林景观上，泸州善于挖掘与体现本土文化，以酒文化和城市山水文化为主要代表，结合孝道文化、码头文化以及西南地区特有的民俗文化等，塑造出了独具酒城魅力与特色的山水园林景观。在当今"景观趋同化"现象下，充分展示地域特色的泸州园林景观风格突出，成功地塑造了自己的城市名片，值得我们参考借鉴。但目前有关泸州园林景观的研究较少，可获取的文献不多。因此，本书以地域性为出发点，以泸州城市园林为研究对象，通过厘清泸州园林发展脉络，探究泸州地域性要素特征，并结合实例，深度把握泸州的园林景观地域性特色，以期为泸州及各地塑造富有地域特色的园林景观提供有价值的参考。

本书是各位作者通力合作的成果，各章节分工如下：李寿仁负责第8、9、12章，陈波负责第1～3章，陈伯翔负责第11章，陈宇负责第10章，王丽茜负责第4～7章。全书由李寿仁与陈波统稿。浙江理工大学建筑工程学院风景园林系卢山教授为本研究的开展和本书撰写提供了技术指导；该系硕士研究生邬丛瑜、李秋明、袁梦、俞楠欣、巫木旺、陈中铭、朱凌、冯璋斐、厉泽萍、郑佳雯等，以及杭州市园林绿化股份有限公司周之静、张楠、陈浩、敬婧、来伊楠、蒋静静、李娜等同志为本书的撰写提供了相关素材与帮助。中国电力出版社曹巍编辑为本书的编辑与出版提供了指导与支持。书中部分资料引自公开出版的文献，除在参考文献中注明外，其余不再一一列注。在此一并表示衷心的感谢。

本书既可作为大专院校园林、风景园林、景观设计、环境艺术设计等专业的教材，也可作为园林景观相关专业学生与教师的培训资料，还可作为关注节约型园林绿化的科研人员、设计人员、施工人员及其他爱好者的推荐读物。

由于学识和时间的限制，书中难免有不足甚至错误之处，衷心希望得到专家、读者的批评指正。

著　者

2018 年 12 月

目　录

下篇　泸州地域性园林景观项目赏析

上 篇

泸州地域性城市园林景观研究

地域性园林景观相关概念
及其基础思想

1.1 地域的含义

1.1.1 地域的定义

地域在《汉语大词典》中解释为土地的范围、地区范围，特指本乡本土，如地域观念。《辞海》中对"域"的解释为区域、地区、疆界。可见，"域"作为一个范围的界定，将"地"限定在某一范围。

地域（region）：在《不列颠百科全书》第14卷中的定义是有内聚力的地区（area）。根据一定的标准，地域本身具有同质性，并以同样标准与相邻诸地区或诸地域相识别。地域是一种学术概念，是通过选择与某一特定问题相关的诸特征并排除不相关的特征而划定的。

吴良镛教授认为：所谓地域，是一个独立的文化单元，也是一个经济载体，更是一个人文区域，每一个区域每一个城市都存在文化差异。有多少个地域就有多少种地域性，"地域"的本质随需求、目的以及概念的使用标准而变化。当然，地域所处的文化背景和时代的不同也会产生多样性。

1.1.2 地域的主要特征

1. 范围界定

地域都具有范围的界定，在某一范围内有着共同的特征，这一范围也不是固定不变的，它是随着内部特征的变化而改变的。

2．内部特征

在地域范围内事物显现出明显的相似性和共通性，具有一定的特色、优势和功能，构成了地域最基本的表现形态，而这一表现形态赋予了地域存在的真正意义，不同地域之间的差异构成了该地域范围内的特色和优势。

3．外部区别

不同的地域之间存在着明显的差异性，这种差异性就构成了形成地域、划分地域的基本原则。这也使地域内部特征变得更加明显，这种差异性激发了人们对地域特征的好奇心，继而使人们有了对其进行深入探索与研究的兴趣。通常情况下，无论从哪个方面对地域进行研究，地域的外部区别都是基本的也是重点的研究对象和研究内容。

4．周围联系

地域并不是一个孤立存在的个体，而是与周围环境和地域相互联系在一起的，一个地域的变化会影响到其他地域，对地域的研究不能局限于对其内部特征和外部差异的研究之上，还要针对地域与地域之间的联系特征进行研究，尤其是地域边界上的多样性和微变化都会对周围地域造成较大的影响。

1.2　地域性的含义

1.2.1　地域性的定义

地域性（regionality）：与一个地区相联系或有关的本性或特性；或者说就是指一个区域自然特性条件和人文历史特性条件的结合，例如气候特点、生态环境、地理特点、水文特点、动植物资源分布特点、历史文化资源以及人们生产生活方式等。地域性既不是地方主义也不是区域主义，而是人类所生活的自然环境原本就拥有的特征，它将最后作用在人类所生活的社会环境之上，从而让社会环境也和自然环境一样都具有了彼此相互作用的特征要素。简而言之，地域性即是某一特定地域范围内，具有相同特性的自然环境和社会环境所构成的整体特征。

范围的选择与确定决定了对地域性的认识和理解。它既可小到一座房屋、一条街道、一个小区，也可大到一个民族、一个国家、一个大洲，甚至可以把整个文化圈称为一个地域。地域性必须参照特定的自然环境和历史文化的相对特征，由于自然环境的改变、历史文化的变迁都会给该区域的地域特征带来改变，因此，地域性在一定的时间空间范围内才有其真正的意义。

1.2.2　地域性层级

地域是一个复杂的系统，不同层级的地域性是通过不同的元素来传达的。微观的地域性是研究地域的基础，中观的地域性是研究地域的指导，而宏观的地域性是对地域的总体认识。

1．宏观

宏观层面包括自然地理、生态、人类生态三个宏观系统。自然地理系统是指地球表层各自然地理成分（如地质、地貌、气候、水文、植被、动物界和土壤等）在能量流、物质流和信息流作用下结合而成的具有一定结构、能完成一定功能的自然整体。生态系统指由生物群落与无机环境构成的统一整体，它的范围可大可小，相互交错。人类生态系统是指由人群及其环境构成的多级系统，即由自然系统和社会系统组成的复合体。人类生态系统的一个重要特点是"人类"作为其中的要素或子系统，是人为的，是有意识的。所以人们可以说这个系统是有意识的主动的系统，它不仅可以通过计划、政策、方针来调控自身的状态，还能在了解自然地理系统和生态系统演变的同时对其进行干预和影响。

自然环境是动态的，一方面自然环境本身发生着变化，另一方面人类活动导致了地域环境结构、功能的变化，这是人类作用于自然环境而产生的地理后果，从而形成了地域的人文环境。

2．中观

中观的地域性是宏观地域性中各类系统的划分方式。自然地理系统中的自然区划包括地质地貌、土壤水源、自然气候、动植物类别等的划分。按功能和目的划分还可分为市政、建筑、农业等。而生态区划又包含在自然区划之中，其目的是系统研究不同地域之间生态因子的差异性和自然承载能力以及生态资源的空间分布，对地域生态环境综合把握。人类生态可以根据不同标准来进行分化，各地域的人文、行政、经济都不相同，其中包含的因子也不尽相同，诸如各地的语言、宗教、信仰、文化、风俗、学术、地理、文艺等都不一样，所以使各地方的地域性更加明显。

3．微观

任何一个地域单元都不是孤立存在的，它必须依附于自然环境，然而，地域的微观层面即是指地域单元。地域单元的基础要素便是土地，包括了很多自然要素，例如土壤、地质水文、地形地貌、动物、植物、微生物、大气、光照、湿度温度、盛行风等；也包含了大量人文要素，主要体现在人类对大自然的认知和改造的过程上，人类通过改造自然形成了建筑、街道、聚落、河塘、农田等，这些也导致了不同的语言文化、风俗习惯和文化传统。

1.2.3　地域性的延伸拓展

1．建筑的地域性

建筑领域对地域性的理解颇多，并没有一个固定的定义，许多研究者与建筑师都从不同的视角对其进行诠释。

张锦秋大师提出建筑文化地域性应体现出多元化和多方位，并在中国建筑学会 2001 年学术年会上对地域性有这样的描述："建筑文化的地域性是多元的、多方位的。从建筑领域角度理解，地域性包含了自然环境、社会环境和经济技术三个要素……具有地域性特色的建筑是尊重当地文化的，并能够将当地文化延续下去，并屹立于未来而不被淘汰。"

张彤在其所著的《整体地区建筑》一书中提到了自然地理与社会文化决定了建筑的地域特征，对建筑来讲，地域性就是指在某一时间和空间范围内，建筑由于受到某一地域自然环境和社会文化环境共同影响而显现出来的特性。

从以上两位专家的理论中可以得出：建筑的地域性主要体现在两方面：一是地理、资源、生态等自然条件的特殊性和统一性；二是当地的风俗习惯等文化意识形态的特殊性与统一性。建筑的地域性是"整个社区及其全部历史作用的产物"。

2．景观的地域性

景观的地域性是在建筑的地域性理论上发展而来的。

景观的地域特征是指在一个相对固定的区域范围内，景观内部存在比较稳定的自然文化特征，也会随着时间的推移而产生微妙的变化，但是这种变化是规律的，是可以控制的，也是可以表现出来的。世界上各个区域都有不同的自然条件和社会文化，自然而然地产生了不同的地域性景观和人文景观。地域性特征可以影响地域的方方面面，显而易见地表现在园林景观方面的是，人们以地域特有的地形地貌为造园的主要载体，以当地乡土树种作为园林景观的主要植物元素，这与景观地域性的联系更加紧密了，由此可见，景观的地域性与建筑的地域性表达大体相同。

不同的地域条件形成了不同的景观类型。基于这些地域特征创作出的优秀园林作品是属于这一地域的，它们体现出了该地域特有的自然条件和时代特征，体现地域特有的人文精神，自然而然地被赋予了旺盛的生命力，经久不衰，所以不管是中国苏州的拙政园还是法国巴黎的凡尔赛宫，都历经数百年岁月的洗礼却魅力不减，仍然堪称特色景观的典范。

1.3 地域性园林景观的含义

1.3.1 景观的概念

《现代汉语辞海》（2003 年版）把"景"理解为景致、风景。把"观"理解为看、景象、样子以及对事物的认识或看法。"观"与"景"不同，它是人的一种动作表达之一，有认知以及认识的含义。

《中国大百科全书》对景观是这样定义的：景观一词常常在地理学、建筑学、园林学以及日常生活等领域中应用，具有广泛含义，景观的原意是风景、风景画和眼界等。

地理学家把景观当作科学名词使用，如乡村景观，山地景观等；艺术家把景观看作是风景，并将其用具体形式表现出来；建筑师把景观看作是建筑的衬景，营造出和谐的景观氛围；生态学家却认为景观是生态平衡中不可缺少的能量流的载体；旅游学家用资源比作景观。每个学科都有自己的景观定义。

景观（landscape）最早出现于希伯来文本的《圣经旧约》全书中，用来描写所罗门皇城耶路撒冷的瑰丽景色；其意义等同于英语中的"景色"（scenery），同汉语中的"风景"或"景致"相一致，都是视觉美学意义上的。现代英语中的景观一词最早应用于英国的自然风景园。申斯通（W. Shenstone）在 18 世纪中叶第一次使用了"Landscape-Gardener"这个名称。随着诸多著作的出版，"Landscape-Gardener"越来越流行。在这一时期，设计师们直接或间接地运用风景画中的景色作为造园的范本，这样创造的景观形式都类似于风景绘画，从而"景观"和"造园"直接联系了起来，从而有了园林景观。

1.3.2 地域性园林景观的内涵

1. 地域性园林景观的概念

地域性园林景观是指在一定地域范围内，由于自然景观和历史文化景观以及人类生产生活共同作用而显示出一定的地域特性，它有别于其他地域性景观，极具自己的特点，并反映出此地域内人与自然和谐相处、共同发展的历史和当下。自然环境本身就具有地域特色，通过地域性景观人们也看到了这一地域范围内人们生活方式和生活状态的不同，特殊风俗文化和文脉的延续都融入到了地域性园林景观之中。独具特色的园林建筑形式、特有的乡土树种、地形地貌形成了该地域范围内特有的语言、民风民俗、生活节奏等，这些都可以称为地域性园林景观。不同的地域范围内都形成自己独有的地域性园林景观，无论是视觉上的感受还是精神上的领会，地域性园林景观无疑都是这一地域范围内最能体现该地域特色的重要元素。

值得一提的是，目前国内总在刻意强调园林和景观的区别，但是事实上，二者并没有本质区别，英文均为 Landscape Architecture，只是国内流派学术观点不同而已。园林、景观本就是同根同源的。刻意区别二者是极其不利于发展的。

2．地域性园林景观的联系

第一，地域性园林景观外部之间相互联系。不得不再次强调地域性园林景观不是孤立存在的个体，它与周围自然环境、生态环境、周边景观相互依存。如果地域性园林景观发生了变化或更改必然引起周边景观的变化，这种变化不仅是视觉上景色景致的改变，还包括了与之联系更加密切的生态系统或是大自然甚至是周边景观的更迭，地域性园林景观外部环境之间联系紧密，共同发展，是一个动态和谐的发展过程。第二，地域性园林景观内部特征优势明显。这种优势主要表现在同一地域范围内景观内部具有明显的同一性和关联性，反之不同地域范围内的景观则具有明显的差异性。这种景观明显的同一性和关联性则正是地域性园林景观内部优势的特征所在，而这种优势是建立在土地和自然要素的基础之上的。所以说，如果人类过激的行为或是不当的生活方式破坏了自然环境，并且随之打破了地域性园林景观内部的和谐状态，那么地域性园林景观也就遭到了毁坏，甚至威胁到了周边景观。

3．地域性园林景观的特征

朱建宁教授认为地域性园林景观的特点：①是领土与社会交汇的产物，是铭刻在时间与空间中的美好记忆，是人类活动的标记。②是各种作用者在空间中的发展过程，是个人或集体的设想实现后的视觉形象。③并非从过去继承而来、也不在时间中停止，完全服务于当代利益的社会建设范畴。④是建立在每个作用者主观感知基础上的个性眼光。⑤是历史或当代的、卓越或平凡的集体财富。⑥是地貌、气候、水文、地理、植物等自然元素总汇。⑦是交织成生产力、建筑、管网、基础设施体系的人类行为空间载体。⑧是建立在维持人与环境相互关系基础上的领土特征。⑨是领土上各个作用者的日常生活环境整体。⑩是确保其辐射力和吸引力的地区形象。

地域性园林景观并不是孤立存在的，它与自然生态环境、人类文明息息相关。它包括地理学中的自然要素，不仅是地域单元的组成，也是生态系统在自然中表现的载体，是人类生活感知的重要载体。地域性园林景观兼有生态价值、经济价值、美学价值、传承价值，当然，它并不是一成不变的，而是会随着大地特征的变化而变化，也会随着人类生活方式的改变而改变，它是动态的、自然的，是人类感知的反映。

所以，地域性园林景观正如一幅历史悠久的绘画作品或是一首寓意深刻的诗词作品，需要人们去读去品，仔细揣摩；也正如人们丰富多彩的生活，需要去体验，去感知；又如天真无邪的孩子，把最纯真的一面展现在世人面前，需要人们去关心，去呵护，去爱护；还是一幅未完待续的优秀作品，需要去设计，去修改，这样，才能够使景观、自然、人类和谐发展。

综上所述，自然要素是风景园林学科中景观存在的基础，人类的生存方式与感知活动是景观的上层建筑，即以自然为本源，以人类感知为灵魂。人与自然长期和谐相处，使生态系统处于稳定状态，经济也会随之发展，这样就造就了特有的历史文化，风土人情，使人们更充实地体验家园和地域性园林景观所带来的归属感。

4. 地域性园林景观的丰富多样性

中国幅员辽阔，资源充沛，地形地貌不拘一格，自然环境复杂多样，形成了丰富多样的地域性园林景观。"一方水土养一方人""十里不同风，百里不同俗"，这正是丰富多样的地域性特色景观的良好例证。不同地域的人们经过世世代代在该地域的生存与发展，因地制宜地创造出了很多具有当地特色的景观。比如在一望无垠的草原上零散分布的蒙古包，又如江南水乡的小桥流水人家，亦如西北黄土高原的古道西风瘦马，都是极具有地域特色的景观。

北方皇家园林的气势磅礴、庄严肃穆；南方私家园林的小巧精悍、清新雅致；东方园林的天人合一、相地合宜、自然灵活、步移景异；欧洲园林的规则壮阔、奢华浪漫、瑰丽多姿、热情简洁，这些都是地域性园林景观的瑰宝，需要人们去共同保护、传承、发扬光大。

1.4 地域性园林景观的基本思想

1.4.1 可持续发展思想

可持续发展（Sustainable Development）战略是 20 世纪 80 年代提出的一个新的发展观。它的提出是应时代的变迁、社会经济发展的需要而产生的。

1987 年挪威首相布伦特兰夫人在联合国世界环境与发展委员会的报告《我们共同的未来》中第一次提出"可持续发展"概念，即"既满足当代人的需要，又不危害后代人满足自身需要的能力的一种发展"，这一定义得到广泛接受。1992 年 6 月，在里约热内卢，联合国召开了环境与发展大会，正式确定以可持续发展为核心，并通过了文件——《里约环境与发展宣言》和《21 世纪议程》等。而中国政府紧跟其后，编制了《中国 21 世纪人口、资源、环境与发展白皮书》，将可持续发展战略作为中国发展的基本战略之一，可持续发展战略正式纳入中国经济增长以及社会更好发展的长远规划之中。

美国世界观察研究所前任所长莱斯特·R. 布朗教授则认为，"可持续发展是一种具有经济含义的生态概念……一个持续社会的经济和社会体制的结构，应是自然资源和生命系统能够持续维持的结构。"1991 年，由世界自然基金会（WWF）、联合国环境规划署（UNEP）和世界自然保护联盟（IUCN）发表的《保护地球——可持续生存战略》中指出，可持续发展就是在不超出维持生态系统涵容能力的情况下改善人类的生活质量，将改善人类的生活质量作为可持续发展的终极目标，共同创造人类更美好的生活环境。

地域性园林景观的发展也是要遵循可持续发展战略，园林景观设计不仅要尊重历史文化，使历史文化得到延续与发展，还要关注大自然和生态的可持续发展，共同创造出更具特色与风格的景观。

1.4.2 批判的地域主义

批判的地域主义是在城市、建筑、景观等领域的基础上产生的一种设计思潮。在现代主义建筑一统天下的年代，地域主义观点暂时陷入沉寂，忽视地域环境、文化差别的国际式成为统领建筑领域的主流。这一情况一直持续到第二次世界大战以后。在这样的情形下，批判的地域主义于 20 世纪 80 年代初产生于西方的建筑界，并带动起城市、景观等领域的设计思潮。它不是一种设计的风格，而是一种设计的思想。它是一种原创性的运动，是回应全球化发展所造成的问题而出现的，对全球化发展持强烈的批判态度。它在文化空隙中积极发展，以不同的方式保持自己的文化和传统。

"地域性"一词最早出现在古罗马时期的维特鲁威，然后经过一系列的发展变化，出现了批判的地域主义。"批判的地域主义"的概念最早出现在希腊建筑学者 A. 楚尼斯（Alexander Tzonis）和 L. 勒费夫尔（Liane Lefaivre）所著的《为什么今天需要批判的地域主义》（1981）一文中。对于批判地域主义的概念，尽管不同的学者有不同的解释，但没有一个明确的定义。

弗兰姆普敦认为："批判的地域主义这一术语并不是指那种在气候、文化、神话和工艺的综合反应下产生的乡土建筑，而是用来识别那些近期的地域性学派，他们的主要目的是反映和服务于他们所置身其中的有限机体。"

学者沈克宁认为："批判的地域主义强调地方性，使用地方设计要素作为对抗全球化和世界化的大同主义建筑秩序的手段，试图保护地方性及保护地方自身，同时它也反对那种浪漫的地域主义和与其相联系的商业文化，批判的地域主义将地方的地理环境作为设计灵感的源泉。"同时他还认为："批判的地域主义思想和方法的基本策略是使用从地方和场所中的某种特殊性中非直接衍化而来的要素来对现代主义所强调的同一和统一性加以弥补，改善和修复一元或大同文化的影响和冲击。"

傅朝卿认为："批判性地域主义的基本精神乃是要以地方特征中衍生出来的元素来调节来自全球性文明的冲击。所以说批判性地域主义必须要维持一种高度自我觉醒之意识，以期在各种当地的事物及特征中寻找它主导的灵感。"

批判的地域主义具有明显的开放性、批判性和综合性。开放性主要表现在空间和时间的尺度上。在空间的尺度上，批判的地域主义否定静止的、封闭的地域概念；在时间的尺度上，批判的地域主义采取动态发展的观点，否定静止的地域文化观念。批判性首先是对全球化所形成的文化特征、价值取向一统化的批判，主张一种面向发展的、当代的、场所和基址的设计文化，强调人的体验和对基址的尊重；其次是对地域主义的保守性进行了批判。而综合性主要是体现在景观本体和设计方法上。在景观本体层面的认识上，批判的地域主义是集科学与人文为一体的。在科学的尺度上，批判的地域主义强调用理性的方式来认识世界和景观，并采用现代的形式、技术和材料进行设计表达；在人文的尺度上，批判的地域主义强调用感性的方式来认识景观，强调人的主体地位，强调在设计中对自然、文化的尊重和表达，通过场所、基址和人的体验等方法来表现；在设计方法上，批判的地域主义同样具有综合性，可以采用多种多样的方法与途径，涉及设计思想、设计语言、结构、形式、空间、意义、材料和基地环境等。

如何在景观全球化的浪潮中既跟上时代的步伐，同时又弘扬自己的本土文化，批判的地域主义景观给我们如下几点启示：以开放的态度对待全球文化和地域文化；恢复景观的人文尺度；回归本土文化等。

1.4.3　场所精神

由空间和特征所决定的氛围被称为"场所精神"。场所意味着由自然环境和人造环境组成的有意义的整体，具有地点性、人的行为活动和情感表现的特征。诺伯舒兹（Christian Norberg-Schulz）在《场所精神——迈向建筑现象学》一书中，对场所这一概念作了集中深入的论述。他在书中这样来界定场所："环境最具体的说法是场所，一般的说法是行为和事件的发生。……那么场所代表什么意义呢？很显然不只是抽象的区位而已。我们所指的是由具有物质的本质、形态、质感及颜色的具体物所组成的一个整体。这些物的总和决定了一种'环境的特性'，亦即场所的本质。一般而言，场所都会具有一种特性或气氛。因此场所是定性的、整体的现象，不能够约简其任何的特质，诸如空间关系，而不丧失其具体的本性。"

诺伯舒兹还指出："场所结构并不是一种固定而永久的状态。一般而言，场所是会变迁的，有时甚至非常剧烈。"场所正如一个活生生的有机体一样，总是处于不断的发展、繁荣、衰落乃至消亡的过程之中。对于自然场所而言，自然万物生生不息，某些自然现象周而复始地进行着循环，自然生态系统有其自身发展和演变的规律，生物群落的繁衍和灭绝、水体的淤积和枯竭、四季的风霜雨雪、鸟类的迁徙、植物的开花结果、树木的生长和消亡等自然现象都悄然地改变着场所的面貌。就层次不同的人为场所而言，在功能、经济、文化、价值观念等各种相关因素的支配下，相互一致或冲突的利益团体总是时刻不停地对其进行间断和重复的改造，规模不等的建设和改造不仅大规模地置换场所中的元素，也完全改变场所的结构和面貌。

场所精神的最根本意义就是对历史的积极参与，但是并不意味着要固守和重复原有的结构特征。地域文化的内涵就是指前一段的发展是为后一段的发展提供基础和背景，而城市的场所精神正是随着时代这样的变化而逐渐变化。

"场所精神"和"地域文化"相比，"地域文化"具有更为广阔的含义，它包含了以前的人类活动对当地的城市生活和物质形态的影响，是与城市相关联的全部背景。而"场所精神"更为强调的是在精神和心理上的方向感和归属感，从属于地域文化。通过设计具有地域文化的景观作品，就能将场所精神融入到城市景观之中。这两个理念的导入标志着近代城市设计进入了一个新的阶段。它们在许多层面上有共同之处，场所和地域都是特定的与个别的，如果把特定的地域理解为"场所"，那么这里的地域文化正是这个"场所"的"精神"所在。

所以说，"场所精神"强调的是人们对于特定地域的认同感和归属感，这些感受依存于场所的自然地理条件与社会人文背景。

1.4.4 文脉延续理论

文脉（context）一词，最早来源于语言学的定义，它译为"上下文"。它是一个在特定的空间发展起来的历史范畴，其上延下伸包含着极其广泛的内容。从狭义上解释即"一种文化的脉络"，美国人类学家艾尔弗内德·克罗伯和克莱德·克拉柯亨指出："文化是包括各种外显或内隐的行为模式，它借符号之使用而被学到或传授，并构成人类群体的出色成就；文化的基本核心，包括由历史衍生及选择而成的传统观念，尤其是价值观念；文化体系虽被认为是人类活动的产物，但也被视为限制人类作进一步活动的因素。"克拉柯亨把"文脉"界定为"历史上所创造的生存的式样系统。"

"文脉主义"术语最初是由舒玛什在 1971 年的论文《文脉主义：都市的理想和解体》中提出来的，意义很简单："把城市中已经存在的内容，无论什么样的内容，不要破坏，而尽量设法使之能够融入城市整体中去，使之成为这个城市中的有机内涵之一。"

现代主义运动过分强调对对象本身的考虑而忽略了事物与环境之间的脉络关系，从而使得城市环境日益恶化，脱离了历史性城市的尺度。文脉主义注意到了这种趋势下的失败之处，认为要注重历史和传统才能使得城市发展下去。文脉主义强调传统的延续不断和传统的丰富性方面，认为"历史上的城市，不是由纯物质因素组成的，城市的历史是一个人类激情的历史。在激情与现实之间精妙的平衡和辩证关系，使城市的历史具有活力"。

"城市的文脉，就是城市赖以生存的背景，是与城市的内在本质相关联、相影响的那些背景。一切决定城市的产生、发展及城市形态的显型的、隐型的东西，都可以列入城市文脉的范畴。城市的文脉，是城市文化观念的自然延伸"。

城市的文化积淀创造了其独有的城市文脉，并且成为其区别于其他城市的标志。现代化城市建设的加快使得城市逐渐丧失了它曾有的文化魅力与历史风貌，带有历史感的传统街区与传统建筑逐渐消失，城市的历史积淀感也逐渐褪色。在这样的大规模建设背景下，曾经独具地域特色的城市被千城一面的景观所取代。其实城市的文脉代表着一个城市的历史和文化，是城市文化景观中最精致的特色部分，因而这种文化一旦断绝，地域文化也随之断层，城市独有的文脉也就无从找寻。

在地域性特色景观设计中，"文脉""场所"是紧密相连的两个概念，只有从社会文化、人的活动、历史时间及地域特定条件中获得文脉意义时，空间才能称为"场所"。这样才能使景观设计的理论与实践迈向一个崭新的时代。

1.4.5　生态位思想

生态位（ecological niche）是指每个个体或种群在种群或群落中的时空位置及功能关系。生物种群中存在着"适者生存""弱肉强食"的自然规律，但也不乏"牛吃青草鸭吃谷"的互不相扰、和谐共处的自然状态，更有"龙游浅水遭虾戏，虎落平阳被犬欺"的特殊情况发生，环境一变，强者也会变弱而弱者也会变强……凡此种种，都属生态位现象。

俄国生物学家格乌斯通过对三种草履虫的观察与研究，发现并提出了"生态位原理"，并对此作了最好的诠释：

（1）在自然界里，拥有相似生活习性或相同生活方式的亲缘关系接近的物种，不会出现在同一片区域内。

1）若是这些物种存在于同一地方，那么它们就会占据不同的生活区域。像鱼类在水里游，鸟类在天空中飞翔，虎踞深山，猴跃丛林等。

2）若是这些物种存在于同一地方，那么它们就会以不同的食物为生，像虎是肉食动物，牛食青草，青蛙以昆虫为食等。

3）若是这些物种以相同的食物为生，那么它们必定会错开觅食时间，像狮子在白天寻找食物，老虎在傍晚寻找食物，狼则在夜晚寻找食物等。

（2）动物界里，两个物种的生态位多多少少都会有一定的区别，如果它们的生态位相似或相同，发生生态位重叠现象，则会形成你死我活的残酷竞争局面。

（3）物种只能在自己的生态位上表现出强弱，也只能在自己的生态位上自由生存，一旦超出自身生态位的界限，就会走向衰弱甚至灭亡。

在园林景观设计中，也可应用生态位原理。世上没有两片完全相同的叶子，景观也是一样，不同地域的园林景观都有属于其本身的生态位，即自己的特色。在园林景观设计中，应尽量避免与其他园林景观的生态位发生重叠，努力寻找自己的特色并保持自己特有的文化和内涵，形成独树一帜、风格迥异的地域性园林景观。

1.4.6 符号学理论

所谓符号学，就是研究符号的一般理论的学科。它研究符号的本质、符号的发展变化规律、符号的各种意义、各种符号相互之间以及符号与人类多种活动之间的关系。本书中带有地域特征的符号主要是指经过了历史长期的发展与演变而流传下来的独特事物。它具有独特的地域特征，是一个地区传统地域文化的象征。作为地域特征的符号，它必须与某个特定的地域相联系，能够让观赏者瞬间勾起对特定地域的丰富历史记忆。这种符号浓缩了一个地区地域文化的精华，是地域文化被抽象表达出来的结果。因而它具有历史性与地域性的特点。在园林景观设计过程中，题材的发掘和新环境的结合，就是一个对原有题材置换与再创造的过程，就是地域文化符号与载体结合的过程。

泸州地域性城市园林景观
形成的主导因素

2.1 自然因素

2.1.1 地理位置与地质地貌

泸州位于四川省东南部，长江和沱江交汇处，地处川滇黔渝结合部"金三角"地带。地理坐标为 27°39′～29°20′N、105°08′41″～106°28′E。距省会成都市 267km，东邻重庆市、贵州省，南界贵州省、云南省，西连宜宾市、自贡市，北接重庆市、内江市（见图 2-1）。泸州是四川东南出川出海和重庆西南出海东南亚必经通道，地理位置十分重要且优越。

泸州处于四川盆地南缘与云贵高原的过渡地带，呈北低南高地势，兼有盆中丘陵和盆周山地地貌类型。北部因地势较低，多为河谷、低中丘陵地区，平坝连片；南部接云贵高原，属大娄山北麓，为低山。多起伏的地貌特征奠定了泸州作为两江之间的山城形象。

2.1.2 气候类型与水文特征

泸州属亚热带大陆性季风气候区，光照充沛，降水丰富，四季分明。北部为准南亚热带季风湿润气候；南部山区气候有中亚热带、北亚热带、南温带和北温带气候之分，具有山区立体气候的特点。夏季较热，冬季无严寒，年均气温为 18℃ 左右，无霜期较长，达 330 天以上。年均降雨量十分充沛，为

748.4～1184.2mm。土地肥沃，物产丰富，气候适宜，植物生长繁茂，更为酿酒业的发展奠定了良好的环境基础。

境内水资源十分丰富，长江自西向东横贯泸州境内，并与沱江交汇于滨江管驿嘴。另外，还有永宁河、濑溪河、赤水河等水系纵横交错，江河密布，水源充足。这些河道水系给予了全市得天独厚的航运和灌溉资源，使泸州成为川南水上的交通枢纽。三面环水的泸州城，有着优美的沿江风景，展现出"城下人家水上城，酒楼红处一江明"的水城形象。

2.1.3 自然植被

泸州植被属川南盆地偏湿性常绿阔叶林地带、低中山植被区，涵盖常绿阔叶林、亚热带针叶林、竹林等群落。泸州山清水秀、温暖湿润的气候条件，孕育了丰富的植物资源。有木本植物101科，299属，718种，主要树种有樟、楠、杉、松、柏、桂圆、荔枝和竹类；蕨类29科，46属，78种。泸州境内有茂密的原始森林和人工植被，城市基调树种为桑科榕属植物。

2.2 人文因素

泸州，古称"江阳"，后远取泸水为名，改为"泸州"，有2000多年的建城史。早在夏商时期，属梁州之域（见图2-1），周为巴子国辖地。泸州城三面临水一面临山，地形险要，特殊的地理位置使泸州自古就是川南重镇、巴蜀要冲，历代以来的兵家必争之地。发达的水运和适宜的气候交通条件，使泸州的经济发展很快，早在宋代就已成为全国26个大型商业都市之一。

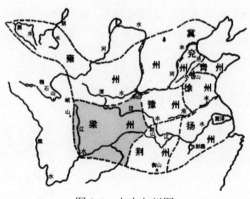

图2-1 上古九州图

在泸州漫长的发展史中，其文化也璀璨丰富。历史上的多次移民活动，加之泸州"地连夷界"，泸州居民"五方杂处"，也因此汇聚了中原文化和少数民族的夜郎文化。此外，还有以诸葛亮修筑的城防要塞龙透关为代表的巴蜀文化；有以长江、沱江、忠山为代表的山水文化；有以泸州老窖及明代四百年老窖池为代表的酒文化；有以泸州起义及中国工农红军四渡赤水遗址为代表的红色文化等。

泸州人杰地灵，历代以来人才辈出。西周太史尹吉甫、酿酒宗师温筱泉、卓越的人物画大师和美术教育家蒋兆和等，纷纷在泸州历史长河中留下了浓墨重彩的一笔。

2.3 经济因素

泸州有丰富的水系资源、良好的自然环境和险要的地理位置，这些天然的优势为古代泸州的经济发展奠定了良好的基础。得益于优质的水源和适宜的气候条件，泸州农业开发早，发展快。泸州毗邻云南、贵州，是除重庆以外长江上游最大的港埠。优越的地理区位和发达的水运使泸州成为云贵川三省结合部和川南地区最大、最集中的大宗物资集散之地，最大的交通运输中心，其古代经济也得益于这种优势发展起来。泸州在明代中叶就已是全国 33 个大中商埠之一，素有"千年商都"美誉，是川南的政治、经济、文化和军事中心。

到了近现代，随着成渝铁路的通车，中转、集散货物急剧减少，水运交通优势大大减弱。泸州也顺应时势地转移战略模式，发展航空、铁路和高速公路交通，并重点打造泸州四大传统产业——酿酒、化工、能源和机械。2017 年，全市实现地区生产总值（GDP）1596.2 亿元，按可比价格计算，比上年增长 9.1%，增速比全省平均水平高出 1 个百分点。高速发展的经济成为泸州园林蓬勃发展的重要支柱。

3

泸州园林发展研究

中国传统园林是人类重要的遗产，随着社会的不断发展而进步。在不同的社会背景下，园林呈现出不同的面貌。这其中有与时俱进的创新，有与其他文化碰撞的交融与取舍，但主线是不变的，即对当地文化的传承、发扬。泸州有着悠久的建城史和文明史，其深厚的历史人文积淀是现代泸州园林建设的基础。本章将通过对泸州古代园林、近代园林和现代园林发展的研究，深度把握泸州园林特色，深入分析泸州地域性园林设计要素，并系统总结泸州园林历史经验，古为今用，为现代泸州园林建设对地域性文化的传承和发扬提供借鉴。

3.1 泸州古代园林发展演变

读史以明今，园林史能让我们了解园林的产生、发展和演化，而研究泸州古代园林的发展演变则能帮助我们了解不同时期和空间内泸州园林的地域性特征。

泸州古代园林作为西蜀园林的重要组成部分，对其地域性园林特色的探究应纳入西蜀园林大背景下。西蜀地处成都平原腹地，作为大后方，独特的地理优势使其受战乱影响小，社会相对安稳，经济、文化发展繁荣，素有"天府之国"美誉。得天独厚的自然历史人文条件使这片土地滋生了大量优秀的西蜀园林作品，著名的如成都的杜甫草堂、武侯祠，眉山的三苏祠和泸州的报恩塔、龙透关公园及忠山公园等。根据《西蜀园林》一书中所述，西蜀园林发展历程可分为五个阶段：萌芽期（古蜀先秦）、发展初期（秦汉、三国蜀汉、魏晋南北朝）、兴盛期（隋唐、五代前后蜀、宋）、缓慢发展期（元、明）和转折期（清）。泸州有着极为悠久的历史，文化底蕴深厚，其园林亦随着整个西蜀园林的发展脉络而发展。下面，将以西蜀园林为出发点，研究泸州古代园林的发展沿革。

3.1.1 萌芽期（古蜀先秦）

园圃、囿和台是古代园林的三个源头。在四川省广汉市三星堆遗址中发现的羊子山土台是国内所见先秦时期最大的祭坛（见图 3-1），专家推测其用途为观望、集会或祭祀。羊子山土台的发现，表明了商末周初西蜀园林雏形的出现。

图 3-1 羊子山土台建筑复原图

泸州的历史最早大致可追溯到禹贡时期，在诸多有关泸州的方志中，皆以此为开端，如《广舆记》在泸州建置沿革一节中载："禹贡梁州之域，天文井鬼分野，春秋战国为巴国地……"，《四川总志》载："禹贡梁州之域，周为巴子国，春秋战国为巴郡……"。《华阳国志·巴志》中记载的巴国领地为"其地东至鱼复（今奉节），西至僰道（今宜宾），北接汉中（汉水流域），南极黔、涪（今贵州思南和四川涪陵地区）"表明商周时期泸州隶属巴国；商周时期的巴国"其果实之珍者：树有荔芰，蔓有辛蒟，园有芳蒻、香茗、给客橙、葵"，说明此时人们园子里多植经济实用的果蔬类植物，即果园、蔬圃形式的园圃，这也大致成为泸州私家园林雏形。

"抚琴台"源于商周时期，《广舆记》载："在州北二里山石生成，周围七尺，特立山腰"；《皇舆考》载："周孝子尹伯奇被后母馋逐，抚琴于此，作《履霜操》以自悲"。以"抚琴台"历史典故为源头，"琴台霜操"成为泸州古代八景之一（见图 3-2），对后世影响深远。"台"作为古代园林的源头之

图 3-2 琴台霜操

一，在商周时期的出现也证明此时泸州园林已开始萌芽。

3.1.2　发展初期（秦汉、三国蜀汉、魏晋南北朝）

　　秦灭巴蜀，置巴郡、蜀郡，并在蜀郡进行了一系列的社会变革，包括奖励耕战、大兴水利建设等。在园林方面，《华阳国志·蜀志》载："城北又有龙坝池，城东有千秋池，城西有柳池，西北有天井池，津流径通，冬夏不竭。其园囿因之。平阳山亦有池泽……"，有园、囿并围于池旁，此时以水为主题的园林已经逐渐兴建起来，形成了较早的园林。

　　秦汉时期，西蜀地区原始宗教盛行，在园林上表现为祠庙增多。道教是在中国古代传统思想和西蜀文化影响下衍生出的本土宗教，当权者的积极推动使西蜀地区的道教发展快速，道观也逐渐成形。另外，佛教在西蜀也有一定的发展。虽无史籍明确记录佛教由东汉传入西蜀，但却有关于寺庙的记载，如泸州的开福寺（古治平寺），于东汉年间建立，"寺凡数进，地势突起，轩朗高华，明朝官僚朝贺于此"，实证了东汉时期佛教的传入。也就是说，在东汉时期包括泸州在内的西蜀地区已形成了早期的寺观园林。

　　至三国蜀汉时期，诸葛亮被任命为宰相，后被封为武乡侯，在职期间深受百姓爱戴。其死后，蜀中各地纷纷为其建祠。其中，最负盛名的当属成都武侯祠。武侯祠在不断扩建、修葺后如今已发展为祠墓结合、祠园一体的园林，具有祭祀和教育双重功能和浓郁的文化气息，成了西蜀祠宇园林的代表。蜀汉时期，泸州有记载的园林甚少，仅见汉古庙和龙透关。汉古庙，《乾隆直隶泸州志》载："在州北二十里双林铺，蜀汉时建"，而别无详记。龙透关，原为古关隘，建筑宏伟，威武雄壮（见图3-3），旧为南北两江唯一通道，是历代兵家必争之地，始建于蜀汉。《读史方舆纪要》："相传诸葛武侯所立"；《乾陵直隶泸州志》："在州南七里"；《广舆记》云："世传诸葛武侯立，明崇祯末补筑，碑碣尚存"；《泸县志》载："蜀汉诸葛亮依山势为城，蜿蜒曲折，以两江岸边为起止，长数华里，名曰龙透关"。此后的两千多年里，龙透关经重建、再建后，今仍存。"龙透关"古建筑遗址为四川省文物保护单位，之后又以该遗迹为基础，不断修葺扩建，发展成了如今的龙透关公园。

　　魏晋南北朝时期，社会动荡，外地流民大量涌入相对安定的西蜀，促进了西蜀与其他文化的交流。这其中有僧人、道士，使得西蜀各地寺庙、道观逐渐兴起，寺观园林得到了进一步发展。《宋版舆地纪胜·仙释》中有载："王真人，名法兴，吴郡人。梁普通时隐钟岭，晚居泸之安乐山，以练气绝粒为事，一日蝉蜕举棺若空，日暮有樵夫逢真人于山顶，其后刘真人亦居于此。"该记载表明了在北魏时期已有真人在泸州修仙成道，说明泸州道观园林的发展至少可追溯至北魏时期。

图 3-3　龙透关

3.1.3　兴盛期（隋唐、五代前后蜀、宋）

隋唐、两宋时期，国家稳定，城市发展繁荣，全国各地的园林都处于鼎盛发展时期，西蜀也不例外。在此阶段，西蜀地区游赏习俗逐渐盛行，诸如风景建筑、寺观、祠宇等园林也呈现出了更好的发展趋势。

在诸多方志、史书和地理类书籍等中，有关泸州隋朝时期园林的概况提及甚少，而唐宋时期有关泸州园林的资料却十分丰富。

1．风景建筑

在古代，官府常会修建亭台楼阁以满足官员和百姓游赏、观景和宴请等需求，而这些建筑常因良好的地理位置成为城市景观中的标志。往后，人民常以这些建筑为主体，在其四周增筑适宜的亭台楼阁并配以植物甚至山石、水体等，形成丰富幽美的园林景观，此类建筑我们可称为风景建筑。

隋朝，以楼阁单体建筑为主体的园林在西蜀兴盛起来，如受到诸多文人青睐的散花楼、锦楼等，它们均为西蜀著名的风景建筑。而泸州的风景建筑主要兴盛于宋朝。

宋时的泸州社会安定，物产富饶，朝廷的重视加上历届泸州知州的不懈努力，使泸州的城市建设得到了空前的发展。泸州城地理条件特殊，三面环水，一面为宝山（今名忠山）。长江自西南绕城向东北而流，由于江岸地势较为平坦易被水淹，而北面地形陡峭，淹没不大。大观元年（1107），朝廷要求在沿长江一侧垒砌石堤，以防洪水冲垮，并充基础，在这上面构筑土城，修建楼橹。政和六年（1116），孙羲叟奉诏修筑城墙，不到半年提前完工。绍兴十五年（1145），为适应经济和社会快速发展后增多的城市人口，城市面积急需扩增，加之为杜绝水患，时任泸州安抚使兼知泸州的冯楫再请修筑泸州城。建成后的泸州城，如《永乐大典（卷三千二百十七）·城池》所载："改建楼橹，鼎新雉堞，炎然周遭，雄壮甲两蜀"，蔚为壮观（见图3-4）。然而，嘉定十年（1217）的狂风暴雨摧毁了泸州西、北、南三面的土城，时任泸州路安抚使兼知州的范子长又进行了大规模的改筑。

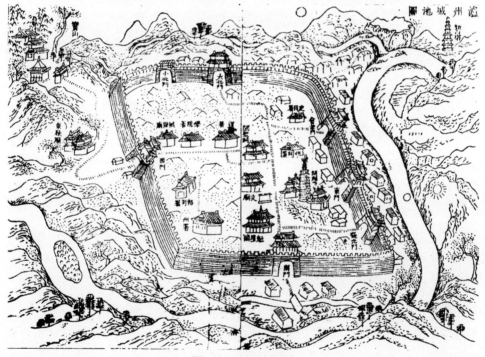

图 3-4　泸州城池图

　　除了城池的修筑，宋代泸州历任知州还建造了一大批风景建筑，可谓泸州风景建筑的全盛期。南定楼为宋郡守晁公武所建，取诸葛亮出师表中语为名，是古代泸州标志性建筑。楼内壁左右有李赞皇、诸葛忠武像及南蛮、西夷地图。《永乐大典》引《江阳谱》载："其雄壮尤为一方之胜。广袤八丈有奇，面临资江，檐庑高明，庭宇爽垲。"阎苍舒、陆游、李焘、杨慎等历代诗人都曾登临赋诗。如陆游诗有云："江山重复争供眼，风雨纵横乱入楼。"此诗为陆游奉诏自成都东归途径泸州登南定楼所作，表达了他对泸州山川之胜的无尽赞美。"海观秋凉"为泸州八景之一，其中的海观楼为宋安抚使赵雄所建（图3-5）。《（嘉庆）四川通志·卷五十六》载"海观楼在州东南隅，大江涨夏水涨时，雨江环合弥漫，浩渺真如海观"，因以名之。宋阎苍舒有诗云："云南之阴大江东，二水奔腾如海冲。"由诗可见其壮观之景。江山平远楼又名"江山平远堂"（现为泸州医学院教工食堂），始建于宋庆元年间（1195—1200），位于宝山顶上，收揽一山胜概。泸州老八景之一的"宝山春眺"指的便是这里（见图3-6）。宋时泸州气候十分炎热，五月便已"大热"。因周围古树参天，又有江风徐徐吹来，十分凉爽，旧时人们常来此"追凉"。杨慎也曾多次登楼揽胜，避暑纳凉，在这里"渴煮双泓明月，饱听万壑松风"，并作《丁巳五月五大热追凉江山平远楼》等诗篇。此外，宋代的泸州还有许多著名的亭台楼阁，它们大多由时任安抚使或郡守等所建，如为士大夫游赏之所的百花春馆、作宾钱之所的泸江亭以及"四山环合，气象甚伟"的镇远楼，还有会江楼、拥翠楼和留春馆等。

图3-5 海观秋凉

图3-6 宝山春眺

2．祠宇园林

祠宇，亦庙也，常为纪念名人、先贤所建，祠宇园林亦即如今的纪念性园林。隋末时期，富庶安定的西蜀吸引了各方人士的到来，促进了西蜀与中原等地的文化交流。大量优秀文人的相继入蜀，推动了西蜀地区文学、绘画等的发展。在园林方面，诗人在参观后留下的诗词歌赋，意境深远，给园林注入了更深层次的文化基因和精神内涵。文人墨客们留下的祠宇园林，为宋明清祠宇园林的兴起奠定了基础。这类园林在历史的浸渍中蕴藏了浓郁的历史文化内涵，在西蜀园林中占有重要的地位，并逐渐成为西蜀古代园林主体。

（1）尹公祠。尹吉甫是西周名臣，也是《诗经》的主要采集者，有"中华诗祖"之称。对于其祖籍众说纷纭，《旧经》载尹吉甫为江阳人，但史传并未有相关记载。不过尹吉甫对江阳的影响是肯定的。这位文能治国、武能安邦的大臣素来被后人推崇为"忠义"至尊的化身，各地为其修祠建庙。在泸州也有这位先贤的遗迹，如前文提及的"抚琴台"。尹公祠（古穆清祠）建自宋代，及为祀周太师尹吉甫及其子伯明奇所建，表达了江阳人民对他的怀念与景仰。

（2）武侯祠。诸葛亮死后各地为其立祠，泸州也不例外。在泸州城西宝山之峰，便有一座纪念诸葛亮的武侯祠（三忠祠），祀汉诸葛武侯及其子瞻、孙尚。《乾隆直隶泸州志》中载："《名胜志》云：旧时蛮人每岁贡马道泸，必相率拜于像前。宋刘光祖诗云：蜀人所至祀遗像，蛮俗犹知问旧碑。"从中可见诸葛亮之于蜀人的影响。这座祠宇始建于宋庆元年间，后"饬而新之，缭以垣墙，植以松柏"，经不断重建，至今仍屹立于忠山之上。

（3）鹤山祠。魏了翁是有功于泸州的一代理学大儒，曾两度来任泸州一路军政官长兼知州。其人"戢史奸，询民瘼，举刺不避权右，风采肃然"，深受江阳人民景仰。魏了翁任职期间，"奏葺其城楼橹雉堞……兴学校、蠲宿负、复社仓、创义冢、建养济院"，使得当时的泸州城百废俱举，城市面貌焕然一新。鹤山祠亦为魏了翁当时所建，后毁。隆庆三年（1569），知州吴嘉麟重修以祀魏了翁，表达江阳人民对其的怀念。

3．衙署园林

唐朝时期，西蜀地区社会安定，土地富庶，政治、经济和文化都得到了极大的发展，吸引了全国各地文人学士入蜀，形成"天下才人皆入蜀"的盛况，著名的有杜甫、白居易、王勃等。这些文人的入蜀，不仅极大地促进了蜀地的文化发展，更对西蜀园林的发展产生了重要影响，主要表现之一便是文人开始参与造园活动，如杜甫草堂。而入蜀为官的文人参与造园则促进了衙署园林的兴建，如东湖、房湖、罨画池等。

衙署园林，狭义上专指衙署建筑内部庭园以及位于住宅一旁或后侧的宅园（郡圃）；广义上则指由官署带头兴建的且主要为官吏所用的园林，除了庭园、郡圃还包括单独建造的园池、用于观景的楼阁以及专供官吏来往的驿站园林等。

"郡国有园圃，其来尚矣"，由于资料匮乏，泸州衙署园林何时兴起尚不得而知，仅在《永乐大典》一书中寻得些许信息。《永乐大典方志辑佚·第五册》注引《江阳谱》载："衙东门。入门而左为熙春园。仲春花卉盛开，则开园门与民同乐，月余乃罢。"这座官家花园，每逢春季花开，便对外开放，供民众免费游乐欣赏。毫无疑问，文中的熙春园就是一座衙署园林。《江阳谱》成书于宋代，可见在宋代衙署园林已然存在。之后，熙春园因无人打理、杂草丛生而荒废。在泸州宋代衙署园林的发展中，帅守尚书杨汝明起了重要的推动作用。他重修东园（熙春园）——疏径、架桥、结草庐，开辟西园——作亭、凿池、栽植花木，发展北园，使泸州衙署园林得到进一步的发展。其中，东园最古，园内地势平坦，"虽有池台亭树之美，而无径丘寻壑之意，较之西、北二园劣焉"；西园"异木名花，幽篁灵草，牙排棋布，荫匝柯交"，四季之景不一，纵享四时之乐；北园建于北岩之上，尽揽山水之美，"虽无花木之秀，然两江横陈，群岫环列，奇形异态，在在不同，则又非东、西园所能及"，三座园林各有特色，风景如画，景致不一。

4. 寺观园林

寺观园林多指宗教，尤其是佛寺和道观的附属园林，寺观内外的园林环境也包含其中，同时还泛指属于宗教信仰和意识崇拜服务的建筑群所附设的园林。

（1）道观园林。隋唐时期，随着道观园林在西蜀兴起，泸州道观园林也开始进一步发展起来。刘真人、落魄仙等均于泸州留有道观遗迹，如元妙观、延真观、冲虚观和天庆观等。延真观，隋时赐名三观，宋嘉佑年间赐名曰延真观，为纪念刘真人之所。道观位于安乐溪之右，距离安乐山仅十里，其环境优美，十分幽静，四周有桧、竹，常引鹤于此，夏去秋复来。另外，在城中社墰山前还有刘真人的"炼丹井"遗迹，因其"喜泉之胜酌以炼丹"而得名。冲虚观为宋时所建，因遍植梧桐，亦称碧梧观。《宋版舆地纪胜》载："冲虚观在龙马潭，上有龙马祠。在三清殿之右，乃落魄仙招易元子之处。"天庆观"老木参天，沉沉然诚一郡之仙居也"，观北为圣祖殿，朝拜者甚多。其何时兴建未见记载，但由宝庆三年（1227）冬开始整修，"创三清殿，修三门，修两庑，东庑之外修复七星阁，西庑之外得隙地，建方丈，云庭、厨库若干楹"，于绍定元年（1228）秋建成，蔚为壮观。

（2）佛寺园林。隋唐时期，政策的支持使佛教发展迅速，佛寺园林盛行，如大慈、三学寺、修觉寺、金绳寺等。宋代，西蜀地区依旧发展繁荣，其园林也兴盛一时。当权者对宗教的重视使各地佛寺得到重建和扩建，如成都文殊院、乐山凌云寺、都江堰灵岩寺等。唐宋时期泸州佛寺概况见表3-1。

表3-1　　　　　　　　　　　唐宋时期泸州佛寺概况表

寺名	建造时期	地理位置	简介
百子图（原名真如寺）	初建于唐，清康熙七年（1668）重修，乾隆五十三年（1788）培修	泸州城西忠山北麓	正殿中有100个童子组成的百子图石刻造像，至今保存完好。塑像由许多故事情节组成一幅幅深浅浮雕的画卷，其中有舞龙图、假面游戏图、杂耍倒立图和饮酒嬉乐图等，布局疏密有致，人物生动传神
云峰寺	老云峰寺于唐天宝元年（742）始建；新云峰寺建于宋代，经明、清两代续建	泸州方山，距泸州城西南23km	为新、老云峰寺的统称，川南有名的佛教圣地之一。老云峰寺现存四合院为清康熙年间重建。新云峰寺由迎龙桥、石牌坊、大山门、接引殿、大雄殿、藏经楼、法堂方丈间组成，位于一条纵轴线上；大雄殿为歇山式建筑，两旁配以厢房，构成三重台叠式建筑，气势宏伟，占地近万平方米。《民国泸县乡土地理》载"此地林泉幽静，风景清奇，盖县中之名胜也"
玉蝉寺	唐景福中建	州北30km玉蟾山绝顶	山间巨石如蟾，因以为名。殿宇巍峨，"历代增修，题刻甚富"
报恩塔	南宋绍兴十八年（1148）	州城正中开福寺内	塔为砖石结构七级重檐楼阁式建筑，八方形，檐下有泥塑浮雕，塔内有石龛造像，曾藏佛经、舍利等。因塔刹为青铜铸造，旭日东升，塔顶便熠熠生辉，故有"白塔朝霞"之誉
北岩寺	宋建	州城北	尚书杨汝明建，又建五峰书院于其地，明太史杨慎题"半空楼阁千山绕，两岸人家一水分"

5. 私家园林

《宋版舆地纪胜》在"泸州·景物上"一节中记述了五个私家园林（见表3-2）。前三者分别为园主人辟以游赏、读书、休憩之所，遗憾的是园中模样书中未有描述，其园林风格也不得而知；后二者均为荔枝园。

自古以来，泸州荔枝就因质高而出名，品质上乘种类丰富，泸州也是四川荔枝的主产地。《鹤林玉露》载："唐代蜀中荔枝，泸戎之品为上。"唐杜甫曾咏"忆过泸戎摘荔枝，清风隐映石逶迤"，回忆往昔，念念不忘。宋代，泸州的荔枝产业已十分发达，荔枝树在当时更达到一定的种植规模——"余甘渡头客艇，荔枝林下人家""秾绿连村荔子丹"，我们可以透过唐庚和范成大诗中所绘，看到宋代泸州州城上下数十里的长沱两江沿岸被荔枝覆盖的壮观景象。

表 3-2 　　　　　　　　　　　　宋代泸州部分私家园林概况表

园名	园主人	地理位置	简介
傅园	傅氏	安夷门外去城二里	为傅氏辟以游观之所
重园	重氏	出城南十里	为观堂刘公读书之所
赵园	赵卫公		为赵卫公休憩之所
杜园		州城北沿江而下七八里	有荔枝，品格与他园争胜
母氏园		州城上流三十里	荔枝联亘，品格最多

3.1.4　缓慢发展期（元、明）

宋元交替之际，蒙古军大举入侵，西蜀也未能幸免于难。全蜀地受到了毁灭性的打击，村镇、城郭以及诸多优秀园林毁于兵荒马乱之中。在此期间，西蜀（包括泸州在内）的园林发展进程受到了极大的阻碍。元朝统治西蜀后，西蜀经济文化虽有了新的发展，但已大不如前。

明朝时期，朱元璋登上皇位，为其子蜀献王在成都修建了气势恢宏的蜀王府，使得西蜀皇家园林有了进一步的发展。帝王的入驻使得西蜀的经济文化再次发展起来。文化的进步推进了书院园林的兴起，著名的书院有云书院、大益书院、浣花书院等；在园林艺术方面的成就则表现为寺观壁画与雕塑，如西蜀古刹龙藏寺、平武报恩寺、犍为罗城壁画或雕塑，西蜀园林也在此环境下缓慢地发展着。另外，此时期有所发展的园林有纪念杨升庵的桂湖、纪念"三苏"的三苏祠、纪念薛涛的望江楼，以及明代杜甫草堂的重建等。

晚明时期，西蜀再次陷入乱战，张献忠屠蜀，并两度攻占泸州，撤离成都时还令部下放火焚城，蜀地遭到了毁灭性的打击，园林的发展进程再次中断。明清交替之际的泸州，战乱、灾害和瘟疫相继发生，城市受灾严重——"蜀自献忠残毁巨室家乘，靡有孑遗，而泸为甚"、"复自泸州西指，经过圮城败堞，咸封茂草，一二残篱黎，鹑衣百结"，处处荒凉，城市人口大幅度减少，诸多园林也荒废颓败。

泸州园林在此阶段有资料可查的园林有三个，均建于明代。一是大观台（俗称钟鼓楼），二是锁江塔（俗称新白塔），三是李家花园。大观台建于明嘉靖十六年（1537），位于城西分巡道辕门左（今花园路）。当时的大观台辉煌气派，蔚为壮观，其貌"状如城门，中通车马，建楼其上，四望巍然"，有诗人登临题咏"窗中下见千山尽，枕底平铺二水流"，可惜后来被毁，未留遗迹。锁江塔为外任御史的泸州人王藩臣所建，位于罗汉场西二里山顶上。塔为砖石结构，重檐攒尖顶，塔身呈六边形，高约29.16m（见图3-7）。塔内有实心柱呈回廊式，设有78级旋梯、素面六边形须弥座，塔顶有覆盆，塔刹为铜铸宝顶，遗迹尚存。明代，小市背后五峰山半有一李氏小园，园中盛产荔枝，甘甜醇美。杨慎曾应邀前去做客，作《荔林书锦》，对园中荔枝表达了高度的赞誉，并把这座园林列入了泸州古八景。

图 3-7　锁江塔

3.1.5　转折期（清）

清朝时期，西蜀重归安定，经济逐渐恢复。由于战乱，大部分园林被严重毁坏甚至毁灭，因此，此时期园林的发展多以整修重建为主，西蜀古代园林在近代也得以延续。

泸州自清王朝平定川南组织大规模的"湖广填四川"活动以来，人口迅速增加，生产逐渐恢复，经济开始复苏，泸州园林发展也得以继续向前迈进。清知泸州事夏诏清任职以来，为泸州城市建设作了极大的贡献。他重修泸学宫、文庙和尹公祠，新建龙神祠和申明亭等建筑，又对残毁废败的园林建筑作了增修、改建，使泸州古代园林得以在近代留存。在此根据《泸州城乡建设志》一书，详述清代三座代表性园林。

同治年间（1862—1874），泸州奎星阁始建（见图3-8），位于今忠山泸州医学院内。奎星阁坐西朝东，外圈10根梁柱，檐角上挑飞翘，四面皆设花窗，刻有各种花纹图形；阁分上下两层，斜边挑角木料上下各8根，皆有精美雕花图案。光绪二十六年（1900），叙永春秋祠建立（见图3-9），又名春秋池，春秋阁。殿宇高大宏伟，建筑以精美生动的雕刻著称。总体建筑坐南向北，呈长方形、左右对称。以中轴线为基准，由北往南依次有乐楼、大厅、正殿、三官殿四个封闭式四合院。宣统三年（1911），朱家山石园建成。该园是一座中式木结构四合院和仿西式砖木结构楼房相结合的民居建筑，或为川南唯一的水阁亭榭式民居，是泸州近代代表性建筑之一，现已辟为朱德旧居陈列馆（见图3-10）。

图3-8 奎星阁

图3-9 叙永春秋祠

图3-10 朱德旧居陈列馆

3.2 泸州近代园林发展演变

民国初时期，泸州改名为泸县，开始有了现代工业。此时期泸县的城市功能由历史的军事要地转化为商业城市，经济发展日趋繁荣，城市建设也逐渐提上日程，得到了相应的发展。

　　原地辖泸州市交通局长李世荣曾设想在旧城墙外靠长江一侧顺江修筑石堤，经夏秋江涨，堤内泥沙卵石自然沉淀淤积形成路基，再经人工压辗夯实，形成一条从澄溪口到长沱两江汇口处的沿江大道。一来能缓解城内交通，二来通过栽花种树，可以为市民提供休闲游憩场所。20世纪90年代，泸州市政府将此设想付诸实践，建成了颇为壮观的滨江路林荫大道。县城城垣最早为宋时所筑，后因灾被毁。民国时期的城垣主要为明初修建，尔后几百年常有修葺。原有东门、南门、西门、北门及小北、会津、凝光七门（见图3-11）。民国十年，驻军将小校场城垣拆毁，后又重新修建，增建了一座小西门；18年后，因建市街马路又拆毁了东门、南门。位于长沱交汇处的泸县，舟车辐辏，陆路、水陆交通发达，为川南繁要第一都市。

图3-11　民国泸县城垣

泸州八景最早起源于明代,由状元杨慎筛选认定,在其寄居泸州时所著的《咏江阳八景送客还滇南》中,有对江阳八景的诗绘。那时的八景分别为宝山春眺、方山雾雪、荔枝书锦、海观秋澜、白塔朝霞、东崖夜月、余甘晚渡和龙潭时雨。随着时间的流逝,除了"琴台霜操"取代了"荔枝书锦",各处景色也有了新的变化。民国时期的八景为宝山春眺、方山雪霁、琴台霜操、海观秋澜、白塔朝霞、东岩夜月、余甘晚渡和龙潭潮涨,除忠山的"宝山春眺"、方山的"方山雪霁"和龙马潭的"龙潭潮涨"外,其余大都荒废颓败。可供欣赏游玩的,只有西门外的云谷洞、附近的邓园,以及小市李园、西昌馆等。当时的邓园已改建为南州艺院院址,因此县人可游宴之地又少了一处。而以前的县署,此时也已辟为中城公园,内设大众茶园、餐厅、凉亭、假山和水池等,并设管理处,聘园艺师专人管理。

民国时期的泸县,虽偶有战乱,但也总体安定,经济发展繁荣,无论是城市建设还是城市功能上,都得到了进一步的完善与加强。然而由于城市建设无规划,城区街道很少种植花草树木,城中仅有 1 座 0.33hm^2 的中城公园和 10 多处自养自赏的私家花园,见表 3-3。而西方文化的大量渗入,使此时期的园林呈现了新的面貌,如"公园"这一形式的出现与发展,泸州园林在形式和功能上已经在向现代园林逐渐迈进。

表 3-3　　　　　　　　　　　　民国时期泸州部分私家园林概况

园名	建设时期	地理位置	简　介
石园	辛亥革命时期	城中心南极路朱家山	为诗人陶开永故宅。园内亭台楼阁、水池假山、曲廊花厅与花卉竹木交相辉映。现为"朱德在泸遗迹陈列馆"
邓园	晚清	忠山北麓	其间,松柏竹柳,丹枫碧梧,掩映着草亭茅舍,别具田园风格。中华人民共和国成立后改为工厂
北坛花园	清末	忠山北坛(临邓园)	其间依自然形势,种植花木,间铺曲径,置草亭、竹屋、石桥,构景清幽而不落窠臼
泸庐	民国九年(1920)	南门外上平远路	其间楼堂厅榭,亭阁回廊,樟楠、花卉、喷泉、假山,浑然一体。现为酒城宾馆
潘公馆	民国二十二年(1933)	城南小关门	为潘寅九宅园。其间庭园宽阔,花木艳丽,建筑新颖,依山邻水,别具风姿
熙园	民国三十五年(1946)	南城山岩脑	为罗国熙公馆,小别墅式建筑。园内古典园景与中西合璧式建筑布局和谐,相映成趣
西昌会馆	始建于明	小市杜家街	其间建筑飞檐画栋,园内异卉奇芳,饶有情趣。现已废败

3.3　泸州现代园林发展

中华人民共和国成立前，泸州城市周围绿化较好，从 1922 年起，学校师生和各界群众连续数年在忠山、凤凰山一带植树造林，形成城周防护林带。此后又多次开展了一系列群众性植树活动，为泸州现代园林建设打下了坚实的基础。

3.3.1　城市绿化概况

1949 年以前，泸州城中除忠山、凤凰山有成片樟林外，城市街道鲜有花草树木种植，城中唯一一座公共绿地即中城公园，也多用作茶园，城市绿化尚未有过多发展。中华人民共和国成立后，社会的安定以及市政府的推动鼓励，使泸州市城市园林绿化成绩显著。各企、事业单位建起了苗圃花园和公园，如泸州化工厂的洞窝公园、泸州天然气化工厂的中心花园和泸州老窖酒厂的基地园林（见图 3-12）等；市区筹建、开放了市级公园忠山公园和龙马潭公园，新建了东岩公园，市民有了更多休闲游憩场所。1983 年，泸州市制订了城市园林绿地系统规划，开始走上按照城市总体规划进行绿化规划、建设和管理的轨道，全市先后划定了 9 个风景名胜区，使整个城市绿化面积有了更大变化。此后，泸州市继续开展城市建设，积极推进"创园""创森"工作，使公共绿地面积由 1949 年的 0.33hm² 增至 1988 年的 81.5hm²。近年来，泸州城市园林绿化建设更是飞速发展（见表 3-4）。

图 3-12　泸州老窖酒厂基地园林

表 3-4   **2011—2016 年泸州城市绿化指标变迁一览表**

类　别	2011 年	2012 年	2013 年	2014 年	2015 年	2016 年
公园个数（个）	12	14	15	31	32	36
人均公园绿地面积（m²）	8.31	9.1	9.16	9.02	9.01	10.54
建成区绿化覆盖率（%）	39	40.26	40.3	39.85	39.86	39.89
建成区绿地率（%）	34.58	35.16	35.2	35.03	35.13	35.32

3.3.2　城市绿地

2011 年，泸州市以森林面积 594800hm²、森林覆盖率 49.0% 的绿化成绩荣获"国家森林城市"称号。泸州市自 2006 年启动创建国家园林城市工作以来，以"旧城区见缝插绿，新城区景观建绿，城郊接合部生态造林"为创园理念，经过不断实践、多措并举，摸索出了发展城市绿化的新道路。经长时间的城市园林绿化建设，泸州又于 2014 年 9 月成功创建国家园林城市。近十几二十年来，随着社会主义物质文明和精神文明建设的大力发展，泸州市城市园林绿化事业蒸蒸日上（见图 3-13），创建国家生态园林城市指日可待。

图 3-13　泸州市全景图

1．公园绿地

"公园绿地"以游憩为主要功能，是城市中面向公众的，兼具美化环境、发挥生态效益生态以及防震减灾等作用的绿地。为确保为人民群众创造最佳的生态环境，泸州大力发展绿化建设，人均公园绿地面积不断增加（见图 3-14）。在公园绿地建设上，泸州市采取城区建公园、沿江设绿廊和街头增游园方式，实现"300m 见绿、500m 见园"。

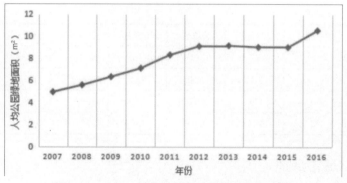

图 3-14　2007—2016 年人均公园绿化面积变化

　　其一，城区建公园。通过实施改造提升工程，在主城区留住了历史悠久、风景优美的忠山公园，以此为基点，还建设了包括 6 处综合性公园在内的 32 个公园——城中的忠山公园（见图 3-15），传承宣扬"忠""孝"文化；城东的张坝桂圆林公园，为中国北回归线上最大最古老的桂圆林；城西的江阳公园，展现现代园林活力；城南的五顶山公园，绿荫笼翠，为城南氧吧；还有城北的学士山公园、长江南岸的东岩公园以及建设公园、冠山公园等各类城市公园，植物丰茂，各类设施完善，人文景观与自然景观得到充分的融合，既具有休闲放松功能，也较好地展现了城市形象。其二，沿江设绿廊。泸州是个"水城"，长沱两江穿城而过。沿江建设了植物层次分明、文化内涵丰富的滨江公园和木崖公园等游憩场所，沿岸无处不景，市民可尽享两江风情。其三，街头增游园。泸州是个"山城"，地形起伏较大，市内充分利用地形高差设计了百子图文化广场（见图 3-16）、展现市花市树的双桂广场、宣扬孝道的报恩塔广场以及见证历史的钟鼓楼广场等充满泸州特色内涵的开放型公共绿地，使市民能充分地接触"绿"、感受"绿"和拥抱"绿"，满足市民走出家门不出 500m 就能融入一个绿色空间的需求。

图 3-15　忠山公园

图 3-16　百子图文化广场

泸州的公园绿化发展迅速，不仅注重量，更注重质，多项优秀园林工程获大奖。如泸州市玉带河湿地公园工程荣获"2014年度浙江省优秀园林绿化工程银奖"；忠山公园精品打造工程荣获"中国风景园林学会第三届优秀风景园林规划设计一等奖"；两江四岸整治滨江路改造工程获得"中国风景园林学会第三届优秀风景园林规划设计二等奖""中国人居环境范例奖"和联合国"迪拜国际改善居住环境良好范例称号"等。

2．附属绿地

附属绿地包含居住用地、公共设施用地、工业用地、仓储用地、对外交通用地、道路广场绿地、市政设施用地和特殊用地中的绿地，是城市建设用地中绿地之外各类用地中的附属绿化用地。泸州城市绿化善于充分利用空间"见缝插绿"，在锦绣山水、川南矿区和警察学院等小区及省市级园林单位培养了诸多"绿细胞"，改变小区、企事业单位周边的硬地面，种上花草，使得楼外绿荫环绕、花香浮动。宜人的道路绿化不仅能保护和改善城市环境，兼具生态性与美观性，还有利于城市形象的塑造。泸州位于以常绿阔叶林为主要植被类型的亚热带季风气候区，因气候条件的特殊性，在泸州城市绿化中常用偏热带植物。蜀泸大道的老人葵（见图3-17）、大通路的榕树四季常绿，绿意盎然；龙马大道的银杏秋色如画，诸多景观大道形成了一路一景、各具特色的道路绿化景观。

图3-17　蜀泸大道老人葵

3．防护绿地

防护绿地是具备一定防护功能的绿化用地，在城市中有着卫生、隔离和安全功能。它类型包括城市卫生隔离带、道路防护绿地、城市高压走廊绿带和防风林等。泸州市采取建设生态绿地的方式，在城市江河两岸、道路两侧、城市高压走廊、山体等区域建设防护绿地，构建外围生态绿地圈；在关口、老鹰山、城南绕城路实施防护绿地建设，新增绿地百余公顷，构建新的中心城区绿地屏障，内外结合，改善城区生态大环境。

3.4 小结

泸州园林萌芽于先秦，以"抚琴台"为开端，拉开了泸州园林历史发展的序幕。至唐宋时期，国家稳定富强，西蜀地区游赏习俗盛行，兴建起了一大批亭台楼阁、寺观建筑等，泸州也不例外。泸州境内有长江贯穿，长、沱两江在今滨江管驿嘴交汇，江景资源十分丰富。在此背景下，泸州为观景而建的风景建筑发展迅速，一度达到泸州园林发展的全盛期。然而，宋元交替之际的泸州硝烟弥漫，战乱、灾害和瘟疫让城市受到了毁灭性的破坏，园林发展一度停滞不前。直至明朝时期，经济逐渐复苏的泸州其园林才得以再次发展。只是好景不长，晚明时期的战乱使得泸州园林的发展再度中断。清朝时期，四川被统一后，泸州又开始安定下来，对被损毁破坏的园林做了整修重建。清末时期，西方文化渗入，泸州园林开始显现出别样的姿态，向近现代园林迈进。

泸州园林发展饱经风霜、历经坎坷，随经济发展快慢、城市稳定与否而起起落落。从发展规模来看，泸州园林在安定繁荣的唐宋时期尤其是宋代，得到了空前的发展。各种类型的园林数量都有很大的增长，较突出地表现为风景建筑和寺观园林的增长。从园林类型来看，以荔枝为主的园圃亦即私家园林最具特色；寺观园林最古，诸如报恩寺塔、开福寺、云峰寺等，历经几百年甚至几千年仍屹立在泸州城中，成为泸州最古老的印记；而以风景建筑最为有名。不同于西蜀其他地区以祠宇园林为代表园林，拥有良好江景资源的泸州，在古代更以风景建筑见长，诸多文人雅士都曾亲临赋诗，给泸州园林注入了更深层次的文化内涵。只可惜绝大部分均已在宋代之后的各种天灾人祸中毁坏，难睹其容。随着时代的变迁，泸州近现代园林在西方文化的影响下展露新姿。中华人民共和国成立后，经济与文化的持续繁荣发展更把泸州现代园林建设推向了高潮。

综观泸州园林发展历程，大致可归纳总结出以下两点，以期为泸州现代园林建设提供参考：

　　（1）园林是政治、经济、文化的产物。泸州园林的繁荣、衰落与社会稳定与否、经济文化发达与否密切相关，良好的社会背景是园林得以发展的基础。我们要提高对传统园林资源的保护意识，避免历史上各种灾祸对园林产生破坏的悲剧重演。同时，积极勘测、保留与收集相关的基础资料，为日后的园林修复、建造等提供依据及借鉴。西蜀园林史上的几次发展高峰都受到文学、绘画思潮的影响，泸州古代园林也曾因文人入蜀、入泸带来的文化艺术而得到提升与进一步发展。由此可见，在园林设计中应注重园林与其他艺术形式的借鉴与交融，创造出新颖的具有本地特色的园林景观。

　　（2）园林也是一定地域环境条件下的产物。泸州是山城、水城和酒城，天然的山水资源分布使泸州城表现为一面靠山、三面邻水的空间布局。"城下人家水上城，酒楼红处一江明"是泸州城的写照。泸州荔枝自古就有记载，适宜的气候条件使其广见栽植，"荔枝林下人家"是古代泸州小城风貌的最好形容之一，曾引来无数过往文人墨客赋诗称赞。诚然，结合本地环境条件并加入特定文化因子的园林，是更有地域特色内涵的，它注定了该园林的独一无二性。

4

泸州城市园林景观要素地域性特色分析

植物、建筑、山石、水体是构成园林的四大要素，植物因富有生命、随四季变化而千姿百态，建筑因其自身体量、外形、色彩、质感丰富多变而多姿，山石因趋于自然而显咫尺山林，水体因迂回灵动而有生机，这些要素本身所富有的特质在不同的地域环境影响下，呈现出截然不同的面貌，使各城市园林景观各具特色。对这四大要素进行逐一分析，有利于我们把控泸州城市园林景观的地域性特色。

4.1　园林植物景观分析

植物是四大造园要素中最活跃的元素，因其具有生命这一特殊属性，在城市园林景观的营造中具有特别的意义。一方面，植物的四季变化造就了各具特色的四时景观，如春的桃红柳绿、夏的碧荷连天、秋的枫红山林以及冬的傲雪红梅。另一方面，植物种类的多样性也决定了城市园林景观的多样性。更重要的是，别有深意的植物文化赋予了园林景观深刻的内涵美，创造出无限的意境。因此，以植物为主体的园林景观在城市建设中有着特殊的地位与价值。

本研究实地调查了泸州的滨江路景观带、龙透关公园、忠山公园。这三个公共绿地的植物种类丰富、景观层次分明、群落类型多样、生态效益良好，基本能反映泸州市植物景观概况。采取典型取样法，随机选取了 30 块样地进行调研（滨江路景观带 15 块样地、龙透关公园 5 块样地和忠山公园 10 块样地）。样地植物群落以道路等具有明确边界的对象为界线，利用 10m 皮尺、5m 及 3m 卷尺和胸径尺等测量工具，取得相关数据，详细记录各样地植物群落中的植物种类、数量、高度、冠幅、胸径、覆盖率以及植物的生长情况、景观外貌等，拍摄现场照片，绘制各样地平面图，并对其中较具代表性的4种不同类型的植物群落进行详细的样地分析。植物群落调查记录表详见附录A。本节通过对各样地的植物组成、季相变化、乔灌草比例等方面的研究，以期深度把握泸州地域性园林植物景观特点。

4.1.1 植物种类构成

1．物种组成

经统计，本次调研的30块样地中共有园林植物138种（包括变种及品种），分属64科112属。其中，乔木、灌木、草本、竹类和蕨类分别有36种、72种、26种、3种、1种（见表4-1）。乔灌木因体量大、应用多和寿命长等特点，是城市园林植物景观风貌形成的主体。乔木树高冠浓，常作为背景，是园林空间骨架；灌木相对矮小，通常可做障景，在乔木与地面中间作过渡作用；草本更为低矮，但应用灵活、种类繁多。调查结果显示，泸州城市园林中乔木、灌木、草本的比例为1：2：0.7，说明三种生活型的植物在泸州均有较多的应用。

表4-1　　　　　　　　　　　泸州样地植物种类表

类别	科	属	种
乔木	23	31	36
灌木	35	58	72
草本	16	23	26
竹类	1	2	3
蕨类	1	1	1
合计			138

泸州地处亚热带湿润气候区，地带性植被为常绿阔叶林。根据调研数据显示，泸州常绿乔灌木多于落叶乔灌木（见表4-2），阔叶树种与针叶树种比例为8.75：1，符合泸州地带性植被类型。

表4-2　　　　　　　　　　泸州样地植物常绿、落叶情况表

类别	乔木		灌木	
	常绿	落叶	常绿	落叶
种数	21	17	41	29
常绿：落叶	1.2：1		1.4：1	

乡土植物是指在某区域内经一定时间的自然选择与物种演替，对该区域环境具有极强适应能力的植物的统称。一般来说，乡土植物比外来植物更适应当地环境，生长更好且更经济。此外，它也是最能反映地域性景观特色的元素之一，在园林景观中增加应用，有利于展示当地特有的景观面貌、塑造本土园林景观特色；而适量引进外来植物则能增加景观多样性，丰富群落面貌，只是不宜过多。在泸州样地调研的 138 种植物中，乡土植物占 51.4%，外来植物占 48.6%，见表 4-3，前者略多于后者。可见，乡土植物有较多应用，但主导地位尚不显著，还有待提高。

表 4-3 　　　　　　　　　　　　　泸州样地植物来源表

类别	乔木	灌木	草本	竹类	蕨类	合计
乡土植物	22	31	15	2	1	71
外来植物	14	41	11	1	0	67
合计	36	72	26	3	1	138

2．植物区系

除世界分布的科以外，泸州植物区系分布类型突出表现为热带成分丰富，其次是亚热带、温带和北温带（见表 4-4），这种现象与泸州气候密切相关。泸州气候温暖湿润，作为我国南部和西南部的重要地区，在地史上曾经历长期炎热的热带型气候。因此，棕榈科、天南星科和桑科等偏热带的植物科在泸州得到了较多的应用。

表 4-4 　　　　　　　　　泸州样地植物主要科区系分布情况表

序号	科名	区系分布	种数
1	蔷薇科	世界分布，北温带较多	11
2	百合科	世界分布，温带、亚热带较多	11
3	木犀科	热带、温带	7
4	豆科	世界分布	5
5	忍冬科	热带、北温带	5
6	木兰科	热带、亚热带、温带	4
7	冬青科	世界分布	4
8	禾本科	世界分布	4
9	棕榈科	热带、亚热带	4

在应用较多的科中，蔷薇科、百合科、木犀科、豆科和忍冬科领衔其他科占主导优势。其中，这些优势科（除百合科和禾本科）所包含的植物种类大多集中在乔木和灌木两种生活型；百合科植物以草本为主；禾本科植物以竹类为主（见表 4-5）。

表 4-5　　　　　　　　　　　泸州样地植物优势科生活型统计

类别	蔷薇科	百合科	木犀科	豆科	忍冬科	木兰科	冬青科	禾本科	棕榈科
乔木	0	0	1	2	0	3	1	0	3
灌木	11	3	6	3	5	1	3	0	1
草本	0	8	0	0	0	0	0	1	0
竹类	0	0	0	0	0	0	0	3	0
总计	11	11	7	5	5	4	4	4	4
比例（%）	20	20	12.8	9.0	9.0	7.3	7.3	7.3	7.3

3．应用频度

应用频度指某个物种个体在同一群落中不同地方的出现率。它能较好地反映出植物应用情况以及群落中的主要物种组成。一般来说，应用频度越高，说明该植物对城市园林景观的影响就越大。

在乔木应用频度上，香樟、银杏、小叶榕、黄葛树、蓝花楹和朴树出现频率相对较多（见表 4-6）。除香樟、小叶榕外，其余四种均为落叶植物。在灌木应用频度上，多数植物得到了频繁的应用，尤其是红花檵木和杜鹃，见于全部样地。另外，南天竹、八角金盘、洒金东瀛珊瑚、鹅掌柴、金森女贞、狭叶十大功劳、棕竹和桂花同样占比较大，且全为常绿植物，广泛应用于各样地。在草本应用频度上，细叶麦冬、冷水花和一叶兰占比较大，其中细叶麦冬和一叶兰均为常绿植物。根据乔灌木应用频度情况，结合其中植物的常绿、落叶性，大致可看出，泸州冬季园林植物景观以常绿灌木为主，草本植物为辅，结合蕨类植物肾蕨，并利用常绿植物的特殊观赏性，如红花檵木的彩色叶、洒金东瀛珊瑚的斑色叶以及八角金盘、鹅掌柴的叶形等，塑造出较好的冬季景观。除了地带性树种，落叶阔叶植物和针叶植物的普遍应用增加了当地植物种类的丰富度，有利于四季景色的多彩表达，同时还加强了群落的稳定性。但对于泸州属常绿阔叶林带来说，常绿乔木应用不够。

表 4-6　　　　　　　　　　　　泸州样地植物应用频度统计

生活型	种名	应用样地数（个）	占比（%）
乔木	香樟	12	31.6
	银杏	5	16.7
	小叶榕	5	16.7
	黄葛树	4	13.3
	蓝花楹	4	13.3
	朴树	4	13.3
灌木	红花檵木	30	100
	杜鹃	30	100
	南天竹	29	96.7
	八角金盘	28	93.3
	洒金东瀛珊瑚	26	86.7
	鹅掌柴	25	83.3
	金森女贞	23	76.7
	狭叶十大功劳	22	73.3
	棕竹	22	73.3
	桂花（市花）	22	73.3
草本	细叶麦冬	23	76.7
	冷水花	22	73.3
	一叶兰	14	46.7
蕨类	肾蕨	19	63.3

在历史上，许多植物会因各种因素而与城市文化相互联系，如武则天贬牡丹至洛阳的典故，使洛阳牡丹名扬天下，成为该市标签；五代蜀后主孟昶于成都城墙上遍植芙蓉，"每至秋，四十里为锦绣"，"蓉城"应运而生。这类植物，常为当地人所熟知，与城市有着千丝万缕的联系，让人们在潜移默化中对其有着深厚的文化认同感，成为当地的传统文化植物。多应用这些植物也是地域文化的重要展示方式之一，市花市树便是其中的代表。

市花市树是全市人民共同参与评选出来的，是城市形象的体现，也是最能反映城市特色的植物。在城市园林中，多增加市花市树应用频率，有利于展示城市面貌和城市精神。泸州市树为龙眼，又名桂圆，早至汉代就有记载；市花为桂花，旧时泸州家家户户都会栽植桂花树、酿制桂花酒并用其做点心，同样有着悠久的历史。在样地中，桂圆只出现了两次，应用频度为6.7%，桂花为73.3%。显然，就调查的样地公园来看，泸州园林在市树的应用上还远远不够。

4．季相特征

植物有生命，从萌芽、开花、落叶、结果到凋零，四时之景随之而变，园林景观也随之而异，植物所表现出来的这种现象叫作季相变化。山石、水体、建筑和其他园林要素本身一般不会有改变，植物的加入，引入了季相，使园林四时之景不同。了解泸州园林植物季相变化特征，有利于我们把握泸州园林四季的景观营造。

春夏秋冬四季不断更迭，不同的植物在季相中有不同的表现。芬芳多姿的花、斑斓奇异的叶色叶形、鲜艳娇嫩的果实、苍劲有形的枝干，植物花、叶、果和枝干的变化在季相变化中更为引人注目。本节将根据植物的观赏部位，即从观花（见表4-7）、观叶（见表4-8）、观果和观干四个方面，来分析泸州园林景观的季相特征。

泸州秋季主要观果植物有栾树、无患子、臭椿、鸡爪槭、接骨木、海桐、枇杷、南天竹、狭叶十大功劳。在观干植物中，树干斑驳的泸州植物有法国梧桐、紫薇、斑竹；树干呈鲜红色的红瑞木、呈紫色的紫竹；枝干带刺的皂荚；以及大枝横伸、小枝斜出虬曲的黄葛树。

在泸州园林的季相变化中，观花季节以春夏两季为主，花色主要为红色、白色和黄色。四季均有较多的观花植物，且多种均横跨数月、多季开花，如红花羊蹄甲、月季花、美人蕉、矮牵牛和萼距花。其中，开花三季以上的植物均为外来植物，在增加植物多样性和使园林四季有花可赏方面，外来植物充分地发挥出了其优越性。此外，因气候温暖，泸州冬季观花植物相比北方和江南更为丰富，可选择性更多。这点在观叶植物上也有所体现，如朱蕉、花叶艳山姜、冷水花等偏热带性植物的应用。综上可知，同一般地方园林一样，泸州园林植物季相景观春夏以观花植物为主，秋季以观叶、观果植物为主，冬季可观花、观干，还有部分多季开花以及常年可观叶、观干的植物，季相植物资源总体相对丰富。因此，如何根据泸州气候条件特点，选择相应的植物进行合理的季相搭配，充分发挥植物花、叶、果实、干等观赏特点，以致四季景色不一、有景可赏是十分重要的。

表 4-7　　　　　　　　　　　泸州样地四季观花植物概况表

花色 ＼ 季节	春	夏	秋	冬
红色（包括红色、淡红、粉红、紫红、粉白等）	红花羊蹄甲、鸡冠刺桐、紫荆、贴梗海棠、日本晚樱、东京樱花、锦带花、红花檵木、茶梅、报春花、美人蕉	苹婆、鸡冠刺桐、木芙蓉、杜鹃、绣线菊、美人蕉	红花羊蹄甲、木芙蓉、美人蕉	红花羊蹄甲、报春花、仙客来
白色	白玉兰、狭叶栀子、鸳鸯茉莉、九里香、紫叶李、六道木	广玉兰、灯台树、鸳鸯茉莉、栀子、狭叶栀子、九里香、花叶艳山姜、玉簪		
黄色（包括黄色、淡黄、橙黄、黄绿等）	银桦、含笑、棣棠、接骨木、云南黄馨、金盏菊、酢浆草	黄桷兰、栾树、酢浆草、金丝桃、黄花槐、萱草	桂花、黄花槐	蜡梅、金盏菊、结香、剑麻
紫色	萼距花、鸢尾、兰花三七	萼距花、野牡丹、阔叶麦冬	萼距花	萼距花、三角梅
蓝色		蓝花楹		
花色三种及以上	梅、月季花、山茶、八仙花、三色堇、矮牵牛	月季花、矮牵牛、三色堇、紫薇、木槿、蜀葵	月季花、矮牵牛	茶梅

表 4-8　　　　　　　　　　泸州样地观叶植物概况表

色叶类型	植物种类
春色叶	石楠、臭椿、垂柳、朴树、香樟、石楠
秋色叶	秋叶红色：重阳木、枫香、乌桕、鸡爪槭、羽毛枫、南天竹； 秋叶黄色：银杏、无患子、栾树、梧桐、法国梧桐、朴树； 秋叶红褐色：水杉
常色叶	紫叶李、红枫、金叶榆、红花檵木、金叶女贞、金森女贞、清香木、朱蕉
斑色叶	洒金东瀛珊瑚、花叶艳山姜、金边大叶黄杨、金边胡颓子、胡颓子、金边阔叶麦冬、冷水花

4.1.2　典型植物群落

　　某一区域的植物经过长期的发展后，逐渐形成稳定的外貌形态。这一区域的植物存在一定的位置关系和具有一定的结构特征，我们把这样的植物集合体称为"植物群落"。园林中的植物群落大多为人工植物群落，即在符合自然规律前提下，人工栽植模拟自然生态环境，干预乔灌木及藤本、地被的自然生长，使其往人所期望的景观成效方向发展的植物群落。

根据植物群落配置方式和所在位置的不同，可以将园林植物群落大致分为四类，分别是疏林草地型植物群落、复层型植物群落、密林型植物群落和滨水型植物群落。在调查的 30 块样地中，分别挑选泸州景观效果较好、较具代表性的此四类植物群落中的两种，进行详细的群落分析。

1. 疏林草地型植物群落

"疏林草地"顾名思义，重在于"疏"，亦即开阔的空间；"林"，常选用一种植物作为基调树种，以丛植、孤植等方式稀疏种植，并结合草坪或草本植物造景，从而形成一个郁闭度在 0.4 ~ 0.6，上层为稀疏乔木，下层以草坪为背景，或栽植少量灌木、草本植物的群落空间。相比单一的草地，此类型植物群落景观层次更为丰富。

（1）忠山公园 5 号植物群落（见图 4-1、图 4-2、表 4-9）。

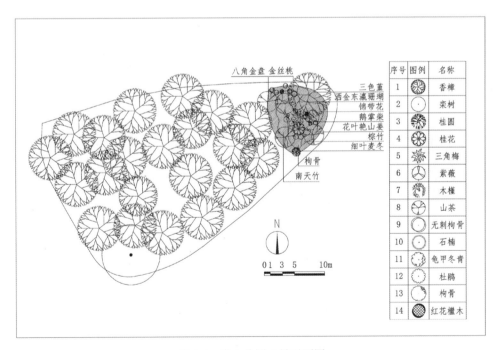

图 4-1　忠山公园 5 号平面图

图 4-2　忠山公园 5 号实景图

表 4-9 **忠山公园 5 号植物群落分析表**

群落类型		疏林草地型植物群落
群落面积		1024m²
植物种类		乔木：香樟、栾树、桂圆； 小乔木和灌木：桂花、三角梅、紫薇、木槿、山茶、无刺枸骨、石楠、龟甲冬青、杜鹃、枸骨、红花檵木、八角金盘、金丝桃、洒金东瀛珊瑚、锦带花、鹅掌柴、棕竹、南天竹； 草本：细叶麦冬、花叶艳山姜、三色堇
群落结构	水平结构	该群落西侧配置了大片香樟，东北角两路交汇处结合山石搭配了小乔木、灌木和草本，起阻隔视线作用，两部分植物空间一疏一密形成互补
	垂直结构	类型：乔草型、乔灌草型 垂直面上，香樟拉高了群落的整体高度，且香樟分支点高，林下空间显得十分开阔疏朗，为可进入式的疏林草地空间
	物种组成	丰富度：共有植物 24 种 乔：灌：草＝1：6：1（种数比，下同） 常绿乔木：落叶乔木＝2：1 常绿小乔木和灌木：落叶小乔木和灌木＝7：2 针叶植物：阔叶植物＝0：24 乡土植物：外来植物＝2：1
季相景观		初春开花的山茶、春末开花的锦带花较好地承接了整个春季；夏季紫薇、木槿、杜鹃、金丝桃、三色堇竞相开放，结合浓荫的香樟，红花绿叶相得益彰；秋季有飘香的桂花以及叶变鲜红色的南天竹；冬季有结红果的南天竹和开花的三角梅打破萧条，四季景观整体较好
总结		该群落以香樟为基调树种，香樟树高冠大，林下空间十分通透，结合大片草坪形成疏林草地群落；灌木和草本植物集中在群落东北侧，既围合了一定的空间也起到对景作用，总体上是以乔草型为主，辅以乔灌草型的植物群落配置模式

（2）忠山公园 12 号植物群落（见图 4-3、图 4-4、表 4-10）。

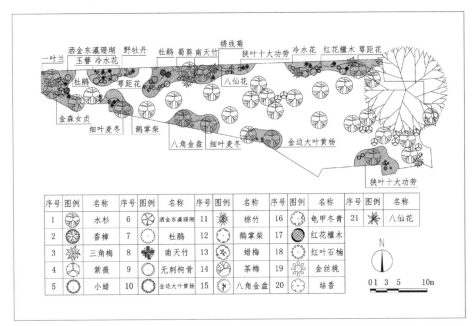

图 4-3　忠山公园 12 号平面图

图例表：

序号	图例	名称	序号	图例	名称	序号	图例	名称	序号	图例	名称	序号	图例	名称
1		水杉	6		洒金东瀛珊瑚	11		棕竹	16		龟甲冬青	21		八仙花
2		香樟	7		杜鹃	12		鹅掌柴	17		红花檵木			
3		三角梅	8		南天竹	13		蜡梅	18		红叶石楠			
4		紫薇	9		无刺枸骨	14		茶梅	19		金丝桃			
5		小蜡	10		金边大叶黄杨	15		八角金盘	20		结香			

N

0 1 3 5　　10m

图 4-4　忠山公园 12 号实景图

表 4-10   忠山公园 12 号植物群落分析表

群落类型		疏林草地型植物群落
群落面积		814m²
植物种类		乔木：水杉、香樟； 小乔木和灌木：三角梅、紫薇、小蜡、洒金东瀛珊瑚、杜鹃、南天竹、无刺枸骨、金边大叶黄杨、棕竹、鹅掌柴、蜡梅、茶梅、八角金盘、龟甲冬青、红花檵木、红叶石楠、金丝桃、结香、八仙花、野牡丹、金森女贞、萼距花、绣线菊、狭叶十大功劳； 草本：一叶兰、玉簪、冷水花、细叶麦冬、蜀葵
群落结构	水平结构	群落中部为种植稀疏的水杉林，灌木和草本植物集中在群落四周，界定了群落界限，形成中间开阔疏朗，四周稍有围合感的群落空间
	垂直结构	类型：乔草型、乔灌草型 垂直面上，尖塔型的水杉拔高了群落的整体高度，灌木和草本较为低矮，因而人能在群落外欣赏到该群落全貌
	物种组成	丰富度：共有植物31种 乔：灌：草＝2：24：5 常绿乔木：落叶乔木＝1：1 常绿小乔木和灌木：落叶小乔木和灌木＝17：7 针叶植物：阔叶植物＝1：30 乡土植物：外来植物＝18：13
季相景观		水杉为秋色叶树种，该群落成片的水杉林也决定了其季相景观是以秋季为主。此外，春季有开花植物茶梅、红花檵木、八仙花；夏季紫薇、杜鹃、金丝桃、野牡丹、绣线菊、玉簪、蜀葵；秋季除水杉林外，还有秋叶变红的南天竹；冬季有三角梅、蜡梅、结香，还有四季开花的萼距花
总结		该群落以水杉为基调树种，种植或分散或集中，结合草坪形成疏林草地群落；灌木和草本植物集中在群落四周，起围合空间作用。该群落和忠山公园 5 号样地一样，同为以乔草型为主，辅以乔灌草型的植物群落配置模式

2．复层型植物群落

复层型植物群落注重垂直方向上植物的搭配与结合，通常以乔灌木为主体，地被、草坪为配衬，配置成复层式种植结构，层次分明、疏密有致。此类型的植物群落，从上往下大致可分为三层：乔木、小乔木与灌木、地被与草坪。复层型植物群落种植空间得到了充分的利用，增加了单位面积的绿量，景观效果也好，具有较好的观赏价值和生态价值，是植物景观设计中比较提倡的一种配置方式。

（1）滨江公园 6 号植物群落（见图 4-5、图 4-6、表 4-11）。

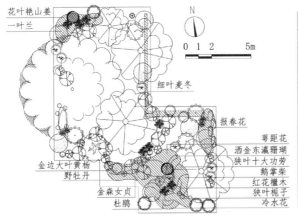

序号	图例	名称	序号	图例	名称
11		小叶榕	11		锦带花
2		黄葛树	12		杜鹃
3		海桐	13		棕竹
4		红叶石楠	14		龟甲冬青
5		南天竹	15		结香
6		八角金盘	16		茶梅
7		山茶	17		紫荆
8		无刺枸骨	18		蜡梅
9		洒金东瀛珊瑚	19		六道木
10		金边大叶黄杨	20		红花檵木

图 4-5　滨江公园 6 号平面图

图 4-6　滨江公园 6 号实景图

表 4-11　　　　　　　　　　滨江公园 6 号植物群落分析表

群落类型	复层型植物群落
群落面积	136m²
植物种类	乔木：小叶榕、黄葛树； 小乔木和灌木：海桐、红叶石楠、南天竹、八角金盘、山茶、无刺枸骨、洒金东瀛珊瑚、金边大叶黄杨、锦带花、杜鹃、棕竹、龟甲冬青、结香、茶梅、紫荆、蜡梅、六道木、红花檵木、野牡丹、金森女贞、萼距花、狭叶十大功劳、鹅掌柴、狭叶栀子； 草本：花叶艳山姜、一叶兰、细叶麦冬、报春花、冷水花

49

续表

群落类型		复层型植物群落
群落结构	水平结构	群落外围有多个灌草组团，种植较密，中部配植了小叶榕和黄葛树，相对稀疏，形成有疏有密的植物空间
	垂直结构	类型：乔灌草型、乔草型 垂直面上，上层有大乔木小叶榕和黄葛树，二者树高冠大，构成了该群落空间的骨架；中层并无小乔木，大、小灌木结合景石搭配布置，高低有致，而分支点较低的小叶榕较好地与灌木相衔接，使中层空间并未过于空旷；草本植物有高有低，或作地被使灌木与草坪过渡自然柔和，或与灌木相搭错落配植，使下层植物在高度上更富有变化
	物种组成	丰富度：共有植物31种 乔：灌：草＝2：24：5 常绿乔木：落叶乔木＝1：1 常绿小乔木和灌木：落叶小乔木和灌木＝19：5 针叶植物：阔叶植物＝0：31 乡土植物：外来植物＝15：16
季相景观		春季可观山茶、锦带花、紫荆、六道木、红花檵木、报春花；夏季有杜鹃、野牡丹、狭叶栀子；秋季有南天竹秋色叶；冬季结香、蜡梅、茶梅竞相开放，萼距花全年开花
总结		该群落结构相对明显，下层有观叶观花植物铺于林下、灌木边缘，中层灌木种类繁多，与景石搭配种植，上层乔木分支点不高，因而总体而言，各层之间过渡相对协调，但小乔木没有得到应用，中层空间景观稍有欠缺。该群落是以乔灌草型为主，辅以乔草型的植物群落配置模式

（2）龙透关公园3号植物群落（见图4-7、图4-8、表4-12）。

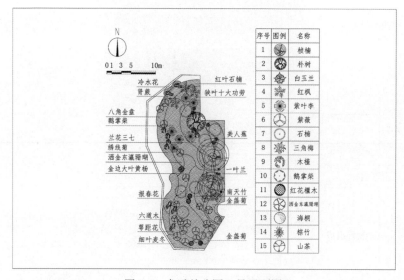

图4-7　龙透关公园3号平面图

图 4-8　龙透关公园 3 号实景图

表 4-12　　　　　　　　　　　　龙透关公园 3 号植物群落分析表

群落类型		复层型植物群落
群落面积		420m²
植物种类		乔木：桢楠、朴树、白玉兰； 小乔木和灌木：红枫、紫叶李、紫薇、石楠、三角梅、木槿、鹅掌柴、红花檵木、洒金东瀛珊瑚、海桐、棕竹、山茶、八角金盘、狭叶十大功劳、绣线菊、金边大叶黄杨、南天竹、六道木、萼距花； 草本：冷水花、兰花三七、美人蕉、一叶兰、报春花、金盏菊、细叶麦冬； 蕨类：肾蕨
群落结构	水平结构	该群落南侧为一面景观墙，以此为群落背景，往北依次是以乔木为主、以小乔木灌木为主和以草本植物为主的群落结构
	垂直结构	类型：乔灌草型 桢楠和朴树相对高大，位于群落最南侧，成为背景树；红枫、紫叶李、紫薇、石楠和木槿高度次之，散植或群植各处，高度上过渡到乔木与灌木；草本植物和蕨类植于群落林缘，使灌木与草坪间过渡更自然柔和
	物种组成	丰富度：共有植物 30 种 乔：灌：草 = 3：19：7 常绿乔木：落叶乔木 = 1：2 常绿小乔木和灌木：落叶小乔木和灌木 = 13：6 针叶植物：阔叶植物 = 0：30 乡土植物：外来植物 = 1：1

续表

群落类型	复层型植物群落
季相景观	春季观花植物较多，有白玉兰、紫叶李、红花檵木、山茶、六道木、兰花三七、报春花、金盏菊；夏季有木槿、紫薇、绣线菊；秋季红枫、南天竹的秋色叶红艳美丽；冬季三角梅、金盏菊持续绽放，萼距花全年开花
总结	该群落结构前中后、上中下层次较为分明，灌木、草本种类丰富，整体以常绿阔叶植物占主导，季相以春季观花为主，总体上是以乔灌草型为主的植物群落配置模式

3．密林型植物群落

密林型植物群落郁闭度在 0.7 以上，是一种以涵养水源或观赏为主的植物群落。密林型植物群落以乔木为观赏主体，着重展示林木的群体美，有时会加入灌木和地被作为配衬，用来丰富群落植物的多样性。按林木纯度情况，它又可分为纯林和混交林。一般情况下，会设小路、水系或两者结合穿插其中，以减少纯林的单一、枯燥感，使游人如游走森林，自然有趣。

（1）滨江公园 10 号植物群落（见图 4-9、图 4-10、表 4-13）。

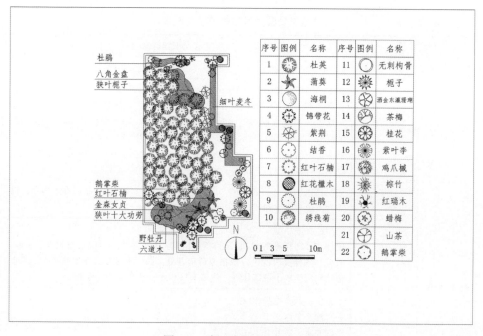

图 4-9　滨江公园 10 号平面图

图 4-10　滨江公园 10 号实景图

表 4-13　　　　　　　　　　滨江公园 10 号植物群落分析表

群落类型		密林型植物群落
群落面积		462m²
植物种类		乔木：杜英、蒲葵； 小乔木和灌木：海桐、锦带花、紫荆、结香、红叶石楠、红花檵木、杜鹃、绣线菊、无刺枸骨、栀子、洒金东瀛珊瑚、茶梅、桂花、紫叶李、鸡爪槭、棕竹、红瑞木、蜡梅、山茶、鹅掌柴、八角金盘、狭叶栀子、金森女贞、狭叶十大功劳、六道木、野牡丹； 草本：细叶麦冬
群落结构	水平结构	该群落界限分明，外沿为可坐式花坛。小乔木和灌木集中在东侧、南侧、北侧边缘地带，中部、西部为成片的杜英林，形成不可入式的密林群落空间
	垂直结构	类型：乔草型、乔灌草型 东侧、南侧、北侧外沿为乔灌草型配置，植物栽植错落有致，上中下层层次分明
	物种组成	丰富度：共有植物 29 种 乔：灌：草＝2：26：1 常绿乔木：落叶乔木＝2：0 常绿小乔木和灌木：落叶小乔木和灌木＝17：9 针叶植物：阔叶植物＝0：29 乡土植物：外来植物＝13：16
季相景观		春季有观花植物锦带花、紫荆、红花檵木、茶梅、紫叶李、山茶、六道木；夏季有杜鹃、绣线菊、栀子、野牡丹、狭叶栀子；秋季有桂花，还有色叶植物鸡爪槭；冬季有结香、茶梅、蜡梅。杜英作为此群落的基调树种，它本身在整个生长季老叶脱落前有极具观赏价值的红色叶，使整个群落四季景致优美
总结		该群落以杜英为基调树种，栽植较密集，东侧、南侧、北侧外沿乔灌木的围合使该群落成为不可入式的密林群落。其灌木种类十分丰富，群落以常绿植物为主，季相上四季有景可赏。总体上是以乔草型为主，辅以乔灌草型的植物群落配置模式

（2）忠山公园 13 号植物群落（见图 4-11、图 4-12、表 4-14）。

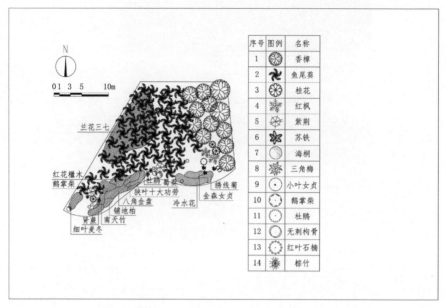

图 4-11　忠山公园 13 号平面图

图 4-12　忠山公园 13 号实景图

表 4-14　　　　　　　　　忠山公园 13 号植物群落分析表

群落类型	密林型植物群落
群落面积	447m²
植物种类	乔木：香樟、鱼尾葵； 小乔木和灌木：桂花、红枫、紫荆、苏铁、海桐、三角梅、小叶女贞、鹅掌柴、杜鹃、无刺枸骨、红叶石楠、棕竹、红花檵木、南天竹、铺地柏、八角金盘、狭叶十大功劳、金森女贞、绣线菊； 草本：细叶麦冬、兰花三七、蜀葵、冷水花； 蕨类：肾蕨

群落类型		密林型植物群落
群落结构	水平结构	该群落北侧为鱼尾葵林，东侧有数量较多的香樟，小乔木和灌木集中在西侧，加上地形因素，该群落同样为不可入式密林群落空间
	垂直结构	类型：乔草型、乔灌草型 群落所在地有明显的地势起伏，呈北高南低趋势，植物配植也依山就势
	物种组成	丰富度：共有植物26种 乔：灌：草＝2：19：4 常绿乔木：落叶乔木＝2：0 常绿小乔木和灌木：落叶小乔木和灌木＝15：4 针叶植物：阔叶植物＝1：25 乡土植物：外来植物＝15：11
季相景观		春季可观紫荆、红花檵木、兰花三七；夏季有杜鹃、绣线菊、蜀葵；秋季有桂花开花，红枫、南天竹秋叶变红；冬季有三角梅开放
总结		鱼尾葵富含热带情调，该群落以鱼尾葵为主要基调树种，使群落也呈现出明显的热带风情。总体上是以乔草型为主，辅以乔灌草型的植物群落配置模式

4．滨水型植物群落

滨水型植物群落是指配置在湖、池、泉、港、溪等各类水体边缘的植物群落。该群落一般水平层次较多，由水面至陆地可依次种植水生植物、湿生植物和陆生植物。

（1）忠山公园2号植物群落（见图4-13、图4-14、表4-15）

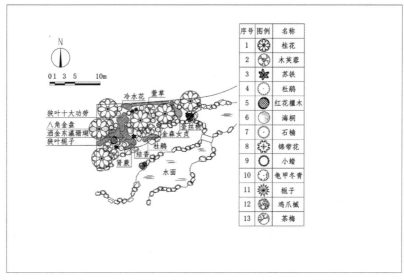

图4-13　忠山公园2号平面图

图 4-14　忠山公园 2 号

表 4-15　　　　　　　　　　　忠山公园 2 号植物群落分析表

群落类型		滨水型植物群落
群落面积		247m²
植物种类		小乔木和灌木：桂花、木芙蓉、苏铁、杜鹃、红花檵木、海桐、石楠、锦带花、小蜡、龟甲东青、栀子、鸡爪槭、茶梅、狭叶十大功劳、八角金盘、洒金东瀛珊瑚、狭叶栀子、结香、金森女贞、金丝桃； 草本：萱草、冷水花； 蕨类：肾蕨
群落结构	水平结构	群落南侧为滨水空间，临水配植了鸡爪槭和茶梅作为点缀，北侧地势有起伏，种植了诸多的小乔木、灌木和草本
	垂直结构	类型：灌草型 该群落北侧地形呈北高东低趋势，植物配植也依地势配置成北高东低形式，景观层次十分分明
	物种组成	丰富度：共有植物 23 种 乔：灌：草＝0：10：1 常绿小乔木和灌木：落叶小乔木和灌木＝7：3 针叶植物：阔叶植物＝0：23 乡土植物：外来植物＝12：11
季相景观		春季有红花檵木、锦带花、茶梅；夏季有杜鹃、栀子、狭叶栀子、金丝桃、萱草；秋季有以桂花为主景，还可观木芙蓉以及秋色叶树种鸡爪槭；冬季有茶梅、结香
总结		该群落以小乔木桂花为主，依形就势结合山石布置了灌木和草本，总体上是以乔草型为主的植物群落配置模式

（2）忠山公园 14 号植物群落（见图 4-15、图 4-16、表 4-16）。

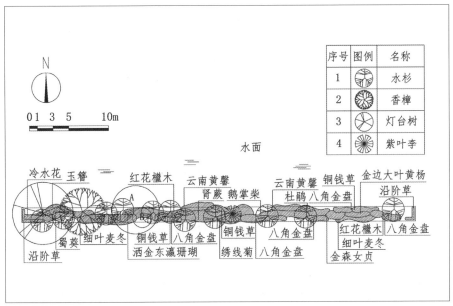

图 4-15 忠山公园 14 号平面图

图 4-16 忠山公园 14 号实景图

表 4-16 　　　　　　忠山公园 14 号植物群落分析表

群落类型	滨水型植物群落
群落面积	92m²
植物种类	乔木：水杉、香樟、灯台树； 小乔木和灌木：紫叶李、洒金东瀛珊瑚、红花檵木、八角金盘、云南黄馨、绣线菊、鹅掌柴、杜鹃、金森女贞、金边大叶黄杨； 草本：冷水花、沿阶草、玉簪、蜀葵、细叶麦冬、铜钱草； 蕨类：肾蕨

续表

群落类型		滨水型植物群落
群落结构	水平结构	该群落成狭长形，植物沿北侧水系分布
	垂直结构	类型：乔灌草型 呈直线排列的水杉拔高了群落的整体高度，并产生了一定的序列感，中层几乎无小乔木或大灌木过渡，下层植物栽植密集，远远望去，群落呈明显的上下两层结构
	物种组成	丰富度：共有植物20种 乔：灌：草＝3：10：6 常绿乔木：落叶乔木＝1：2 常绿小乔木和灌木：落叶小乔木和灌木＝4：1 针叶植物：阔叶植物＝1：19 乡土植物：外来植物＝7：3
季相景观		春季有紫叶李、红花檵木、云南黄馨；夏季有绣线菊、杜鹃、蜀葵、玉簪；秋季以水杉的秋色叶为主要观赏对象；冬季叶落且无花，季相上稍欠缺，但可观水杉苍劲的枝干
总结		该群落以水杉为基调树种，其季相景观也因此以秋季为主，总体上是以乔灌草型为主的植物群落配置模式

5．泸州典型植物群落特征小结

（1）从群落类型来看，四类群落特点突出、互相区别。

1）疏林草地型植物群落，强调要有开阔的植物空间。为营造此效果，乔木为香樟类阔叶树种时，群植时常选择干细分支点高的植物，以保障充足的林下空间；乔木为水杉类针叶树种时，或丛植或孤植，相互之间保留充分的距离以显开阔感。另外，还可根据需要，在林缘等适宜处配置一定的灌木、草本植物，既能丰富群落物种多样性，也可作为边界划分、空间对景。该类植物群落通常采用以乔草型为主，辅以乔灌草型的植物群落配置模式。

2）复层型植物群落充分利用乔木、灌木和草本植物，注重多层次的植物搭配以及平立面的构图，是生态效益最佳的群落类型。在平面上，要求林缘线曲折有致，留出一定的草坪空间，以保证良好的观赏距离；立面上，上层大乔木、中层小乔木和灌木结合山石搭配，下层以草本植物、蕨类作为过渡。在植物类别上，大乔木、小乔木绝大部分均为阔叶植物，因而群落整体景观显得十分饱满；中下层是植物配置重点，因此选用的灌木和草本植物种类十分丰富。但从样地调查来看，泸州衔接大乔木和灌木的中层植物种类较少，应用不够。总体上该类群落是以乔灌草型为主，辅以乔草型的植物群落配置模式。

3）密林型植物群落通常栽植较密，以纯林居多但也有混交林，是展示植物群体美的一种群落。如独具热带风情的鱼尾葵，成片种植时十分有地域特色。与疏林草地型植物群落相区别的是，在无小道穿过的情况下，该类型多为进入式。此类型群落配置模式为以乔草型为主，辅以乔灌草型的植物群落。

4）滨水型植物群落与水相伴，且与水面距离有近有远。此类群落常会充分利用"水"这一要素，利用水面倒影效果，增加植物与水的互动，成水木掩映之态，如伸向水面的云南黄馨枝条，抑或是在水系转折处设置鸡爪槭、茶梅等植物形成对景。总体上是以乔灌草型为主的植物群落配置模式。

（2）从群落结构来看，可分为水平结构和垂直结构。

1）群落的水平结构表现为植物在平面上的位置布置以及平面空间格局。一个群落通常会由几个小群落组成，形成点状（单株）、带状（条带阵列）、斑块状（多株同种植物）格局，通常也表现为孤植、列植、丛植或群植等形式。其中，泸州园林植物群落以丛植和群植为主，列植较少。在水平结构上，密林植物群落多形成中间为群植的乔木、四面环以其他的乔灌木组团的平面格局；疏林草地型群落乔木以点状分布，同时结合一定的灌木和草本成块状绿岛，形成大范围点状分布、少量块状绿岛穿插其中或围于四周的平面格局。

2）群落的垂直结构主要讲的是成层性问题。一般来说，群落立面成层越多，其结构就越复杂，发挥的生态效益也越大。通常，良好的垂直结构至少可分为三层，即上层（乔木）、中层（小乔木）和下层（灌木和地被）。泸州园林植物群落总体以乔灌草型的复层群落为主，单层群落因草坪后期维护成本高，生态效益低，因而应用较少。但从增加群落结构多样性、景观面貌多样化等来说，还是有其存在价值的。泸州园林中单层群落配植模式有"香樟—草坪"（见图4-17）、"水杉—草坪"（见图4-18），为增加该群落结构的生态稳定性，在群落四周常会配植一定的小乔木、灌木或草本。这是一种较好的处理手法，既保障了林下空间的可通过性，满足了人们对"大草坪"的游憩需求，塑造出了优美开阔的景观，也使群落植物多样性增加，生态效益也得到了一定的提高。但就生态角度而言，还是不如复层型植物群落。

泸州常见的复层群落有以下几种：

a."大乔—小乔—灌—草"结构。此类型群落在泸州最为常见，一般情况下，大乔木高度多为5m以上，小乔木3～5m，灌木0.6～3m，草本0～0.8m，因而在此结构下，垂直空间利用度达到了最大化，单位面积内绿量多，是比较提倡的一种群落结构，如"桢楠＋白玉兰＋朴树—桂花＋紫叶李＋木槿—锦带花＋金丝桃＋红叶石楠＋洒金东瀛珊瑚—叶兰＋肾蕨＋冷水花""小叶榕＋黄葛树—羽毛枫＋石楠—杜鹃＋南天竹＋红花檵木＋三角梅—细叶麦冬＋肾蕨＋冷水花"等。但在泸州园林样地调查中发现，小乔木的应用频率和种类并不多，约为20种，占总数的15.5%，应用频率在10%以上的有桂花（73.3%）、紫荆（36.7%）、紫叶李（33.3%）、石楠（30%）、蜡梅（30%）、鸡爪槭（26.7%）、木槿（23.3%）、红枫（13.3%）、黄花槐（10%）等。另外，泸州地带性植被为常绿阔叶林，乔木大都为阔叶树，阔叶树大多质密。这些因素所造成的泸州"大乔—小乔—灌—草"结构的群落特征为，当大乔木分支点较低时，结合一定的地形，群落层次分明，屏障感强，视线不可通过，整体景观显得十分饱满（见图4-19）；当大乔木分支点较高时，群落仍有一定的层次，而由于小乔木数量少，中层空间视线可通过，整体景观稍显开阔（见图4-20）。

图4-17　忠山公园5号实景图（一）

图4-18　忠山公园12号实景图（二）

图4-19　龙透关公园5号实景图

图 4-20　滨江公园 1 号实景图

　　b."大乔—灌—草"结构。由于小乔木应用少,所以该类结构的植物群落在泸州园林中出现频率也较高。在较少甚至没有小乔木的情况下,一方面,可以利用泸州的地形条件,在不同高度位置配置相应高度植物,最终形成多层次的群落空间(见图 4-21);另一方面,可结合山石要素,附于其上,再配置高大乔木,透过开阔的中层空间可见优美的园林建筑、水系等景观(见图 4-22),景观与实用功能相得益彰。

图 4-21　滨江公园 6 号实景图　　　　　图 4-22　忠山公园 10 号实景图

　　c."乔—草"结构。相比单层植物群落,该类群落结构生态性更佳,用草本植物替代维护成本高的草坪,能获得更好的生态效益。该类型因结构简单,其中的乔木便成为主要欣赏对象。成片栽植时,十分凸显植物的群体美,有着强烈的视觉冲击效果,如忠山公园 13 号植物群落的"鱼尾葵—兰花三七",展示出了浓郁的南国风情。

4.2 传统园林建筑

园林建筑指的是设置在城市园林绿地内的供游人欣赏与游憩的建筑物及构筑物，其作用表现为自身的美观性、可赏性，同时也是一个可供人短暂游憩停驻的休闲空间。园林建筑具有极强的人工性，融入了很多当地的文化内涵和元素，是城市园林地域性景观表达的重要载体之一。

4.2.1 建筑类型

建筑的魅力源于其体量、外形、色彩、质感等的多变组合，与周围环境，如水体、植物、山石的搭配、统一更突出了建筑美的艺术效果。根据功能来分，常见的园林建筑包括亭、台、楼、阁、轩、榭、厅、堂、廊等，另外还有桥、牌坊等构筑物。

1．亭

"亭"，"停也"，多建于路旁，作短暂休憩、观景之用。亭没有围墙，立面由顶、柱身和台基三部分组成，是一个四面通透的开敞性空间。根据顶的平面形状，传统园林中的亭可分为三角亭、四角亭、六角亭、扇面亭等。因体量小、布设灵活，亭在园林中的应用广泛，常作点景用。

泸州城市园林中的亭形式十分丰富多变，仅忠山公园就至少有六种形式的亭。亭大都为木质结构，多攒尖顶，常布置于水岸边观水景，也有设于高处俯瞰山河，是泸州园林中用于休憩、观景最常见的建筑形式（见图4-23）。风格上，青瓦褐柱，整体古朴淡雅，又有着江南园林建筑的精致秀气。

2．廊

廊作为室内外的过渡，有顶而四面或三面通透，可透景，是一种虚空间。根据横剖面的不同，廊可分为单面空廊、双面空廊、复廊和双层廊等；根据设置环境的不同，廊又可分为爬山廊、水廊、直廊和曲廊等。泸州园林因地形多起伏，爬山廊十分常见。爬山廊或依山势附于山体形成单面廊，或四面观景形成双面廊；在地势平缓处做直廊，转角处做曲廊，根据山势而变，形式多样，处置灵活（见图4-24）。泸州园林中的廊还常常带有文化宣传、科普作用，如在廊内设置文人墨客诗句字刻、城市历史介绍字刻、名人历史介绍字刻以及公园主题文化宣传标识等内容。

3．厅堂、水榭

厅堂常因体量大、空间宽阔、装饰精美而成为园林中的主体建筑，是全园的构图中心和观景中心。泸州忠山公园的荷花厅建于曲莲池边，青灰色的瓦片、深褐色的柱子，庄重大气、形态优美，是此区域的中心建筑［见图4-25（a）］。

榭有三种含义，一为建在高土台或水面（或临水）上的木屋，二为无室的厅堂，或将军习武的处所，三为古代藏乐器之处。园林中的榭多为第一种意思，即建于水边或花畔的木屋，多为长方形，空间开敞或设门窗。泸州园林中的榭多为水榭，常与廊结合布置，设于水边，水中栽植荷花等水生植物，花木、建筑与水相互掩映，如梦似幻［见图4-25（b）、（c）］。

（a）扇面亭

（b）双亭

（c）三角亭

（d）半亭

（e）四角亭

（f）重檐亭

图4-23 泸州园林中的亭

（a）爬山廊

（b）直廊

（c）水廊

图 4-24　泸州园林中的廊

（a）忠山公园荷花厅

（b）忠山公园水榭

（c）张坝桂圆林公园水榭

图 4-25　泸州园林中的厅堂、水榭

4．楼阁

《说文》云：重屋曰"楼"。楼为两层以上的屋，在园林中属较高的建筑，常用于高处俯瞰风景亦成为观景主体。泸州城市园林中的楼有原址复建的滨江路东门城楼［见图4-26（a）］，也有历代修缮遗存的龙透关关楼［见图4-26（b）］，历史积淀深厚。前者为两层单体建筑，全木仿古构造，布设门窗，人可于楼外俯瞰江景，也可于楼内休息畅聊；后者为木式构造，下层中空，用于瞭望、观景。

（a）滨江路东门城楼

（b）龙透关关楼

图4-26 泸州园林中的楼

阁一般为两层以上，四面开窗，四周设隔扇或栏杆回廊，用于观景、藏书和供佛。与楼相近，二者常合一起统称楼阁。楼阁式塔即模仿楼阁形态、结构，将塔建成多层楼阁，内设楼梯，可攀爬而上的一种建筑。泸州报恩塔因塔壁皆白色又名白塔，始建于南宋时期，塔身呈八边形，砖石结构、双檐七级楼阁式，檐下砖砌仿木斗拱（见图 4-27）。报恩塔为典型的密檐楼阁式塔，檐与檐间隔近，呈密叠状，门窗仅供采光、通风用。整座塔造型精美，俊秀挺拔，结构独特，古时因"白塔朝霞"而名列泸州古八景之一，是泸州重要的地标性建筑之一。

图 4-27　报恩塔

5. 牌坊

牌坊是我国的特色建筑，古时多用于表彰功勋、科第、德政以及忠孝节义而建，也有宫观寺庙用作山门，或用于标注地名，是一种纪念性构筑物。

西蜀地区山河纵横，多山石、卵石，人们常就地取材，用江边的卵石砌筑台阶、墙基等建筑基础。因石材不易损坏，西蜀人民常用其作纪念性构筑物材料，如石牌坊。石牌坊在西蜀地区较为常见，以四柱三檐或五檐为主，均为仿木制造型。

泸州园林中的牌坊有木牌坊和石牌坊两种，为三间四柱或一间二柱式。其中，石牌坊在泸州园林中最为常见，多作山门用，成为入口标志。忠山公园中的石牌坊为一间二柱式，造型古朴简洁，无过多装饰，与周围环境融为一体 [见图 4-28（a）]。一般设于公园次入口或节点入口，起引导作用。滨江路东门牌坊和龙透关公园牌坊均为典型的三间四柱式，硬山顶，出檐较短，以斗拱作支撑，额枋上雕刻有各种图案装饰，十分精美。不同之处在于前者为木质结构，后者为石质结构。滨江路东门牌坊因为木质，其柱脚以"夹柱石"包裹，防腐烂及虫蚁侵蚀 [见图 4-28（b）]。额匾刻有"川南第一州"描金行草，整体看去庄严巍峨，造型精美，气势恢宏。龙透关石牌坊体量大，上部较重，因而基座宽厚并附有云朵状抱鼓石，各种图案雕刻其上，精致秀雅 [见图 4-28（c）]。

（a）忠山公园石牌坊

（b）滨江路东门木牌坊

（c）龙透关公园石牌坊

图 4-28　泸州园林中的牌坊

6．舫

"舫"原指船，园林中的"舫"指仿照船的造型，建于水中或池中的船型建筑物。泸州园林中的舫较少，忠山公园有一，名"荷香舫"（见图 4-29）。荷香舫总体为木质构造，舫身位于水中，船首和船尾以厚木板与水岸连通。该舫体量小，结构简单，为简易式舫，仅有船头和中舱。船头为敞篷式，四下中空无门窗；中舱下为实体墙上为玻璃窗，内设单侧坐凳，可供短驻休憩、观景。整体风格较为简洁、朴素、淡雅。

7．桥

园林中的桥形式多样，风格不一，除了交通功能，还用于分隔水面，增加水面变化，以增添景色。泸州园林中的桥有拱桥、平桥、曲桥等，且多为石质结构（见图 4-30）。根据水面大小、观景需要，这些桥体量上大小不一，大水面用大桥，大气美观；小水面用小桥，精致秀雅。园桥栏杆还常与坐凳结合，一举两得。

图 4-29　忠山公园中的舫

图 4-30　泸州园林中的桥

4.2.2　建筑布局

泸州城内地形多起伏，又有长、沱两江流经，山水资源十分丰富。在进行园林规划时，泸州园林对比处于平原的成都和低山低丘陵的江南地区，形式更为丰富，布局更为灵活。

在空间布局上，泸州园林建筑多建于山上，利用现有地形造景，因地制宜，结合植物景观形成高低错落，层次丰富的山地建筑景观。抑或临江而建，以借江景。根据离江水的距离，设置瞭望楼、亭廊、园桥，进而远眺、近观、细看，层层递进。在轴线布局上，泸州园林建筑总体呈现出小区块中轴对称、大范围灵活布景格局，即在某一平缓处或某一大高差出设置对称建筑，形成一定轴线，之后便根据地形及设计需要布置其他建筑，不在轴线之上。在山水布局上，山顶多建有观景亭、厅堂等以居高临下、俯视山林；在水边，设水榭、长廊、厅堂及凉亭，互成对景。

4.2.3 建筑风格、形态

泸州城市园林中的建筑以忠山公园数量最多、种类最为丰富，东岩公园次之，龙透关公园、玉带河公园和滨江公园中的传统园林建筑十分少甚至没有，而张坝桂圆林公园、百子图历史文化长廊绿地的园林建筑风格则又呈现出明显的不同，使泸州园林建筑在总体风格上难以统一。其中，忠山公园历史最久、影响最大、园林建筑类型最多，因而基本能代表泸州园林建筑风格特点。

泸州以精湛的木雕石刻艺术著称，在传统建筑中，雕刻艺术无处不在，春秋祠木雕更被誉为"川南木雕博物馆"。在泸州地方古建筑的窗棂、门楣、撑弓、穿枋、斜衬等上面，我们常能看到丰富的雕刻，图案涉及历史故事、神话传说，也有各种动植物，雕工精细，做到了建筑艺术与雕刻艺术的完美融合（见图4-31）。雕刻艺术是泸州的一大特色，但在泸州城市园林建筑中，却很少见到它们的身影。从飞檐来看，对比泸州古建——况场朱德旧居陈列馆（原陈家花园，建于清朝）和忠山公园，可以清晰地看到二者的不同。前者飞檐结合垂脊有精致的装饰雕刻，末端往内微卷，与垂脊饰物相呼应，而泸州园林中的亭作了简化，褪去了这一层装饰，趋向江南园林建筑做法（见图4-32）。

质朴洒脱、文秀清幽是西蜀园林建筑的特点，表现在建筑用料上就地取材，色调上以深沉的红黑二色或保持原色，装饰上繁简有度不累赘也不单调，以及形式上的简约大方。泸州的园林建筑风格大致也是如此，采用冷色调，朱柱青瓦，较少甚至不用大红、黄、蓝、绿等艳丽的色彩。但细微处又有所不同，使整体更趋向江南园林建筑风格。单从亭来看，对比朱德旧居陈列馆、忠山公园和江南园林中的亭，三者在建筑色调上都较为朴素，檐角上翘，用料质朴。但朱德旧居陈列馆中的亭在飞檐、垂脊等细节上做了较多装饰，因而整体看上去古朴却又精致秀雅，区别于忠山公园和江南园林［见图4-33（a）、（b）、（c）］。在坐凳和栏杆方面，朱德旧居陈列馆和春秋祠中的亭或无坐凳栏杆，或栏杆材质与地面、周边环境融为一体，朴实自然，是铺装的延续［见图4-33（d）］。而忠山公园中的亭下部分为两部分——美人靠及其基础，基础部分为白墙衔接美人靠与地面，呈现出的形态与江南园林中亭极为相似［见图4-33（b）、（c）］。另外，在牌坊处理上，无论是材料、造型、结构还是色调上，忠山公园中的牌坊都与杭州西泠印社的牌坊展现出了高度的相似性（见图4-34），即二者均为一间二柱柱出头式，青石材质，额匾为蓝色字体。

（a）春秋祠木雕

（b）东岳庙木雕

图4-31　泸州古建筑木雕

（a）朱德旧居陈列馆　　　　　　（b）忠山公园　　　　　　　　（c）苏州拙政园

图4-32　飞檐对比

（a）朱德旧居陈列馆

（b）忠山公园

（c）江南园林

（d）春秋祠

图 4-33　亭形态风格对比

（a）忠山公园

（b）杭州西泠印社

图 4-34　牌坊对比

4.3　其他园林要素

如果把园林喻为人,则水为"血脉",山为"骨骼",建筑为"眼睛",草木为"毛发",园路为"经络",无论少了哪个,园林都是不完整的。

4.3.1 地形

地形是指在一定区域内由岩石、地貌、气候、水文、动植物等各要素相互作用的自然综合体,它是造园的基础、园林的骨架。造园讲究因地制宜,就势布景,而平地造园则大多采用"挖湖堆山"形式。泸州是个山城,市域内地势起伏明显,有着天然的山,处理地形时多因地就势——忠山公园以忠山为基,园林建筑依山就势,如爬山廊,园路或以台阶形式层层跌落或依山顺势而上(见图4-35);张坝桂圆林公园主入口处地势最高,可于入口广场俯瞰全园,由近景的大片草坪营造开阔视野,至远处连绵的桂圆林、荔枝林,又与远处的眺望台"揽桂楼"相呼应(见图4-36),地形变化十分丰富;百子图文化广场毗邻沱江,利用地形做了一个规模宏大的下沉式广场(见图4-37),形成依山傍水之势,是泸州的标志性景观。

图4-35　忠山公园

图4-36　张坝桂圆林公园

图 4-37　百子图文化广场

4.3.2　山石

俗语言:"凡园必有石,无石不成园。"山石是重要的园林造景材料,既指自然的山石也包括人工的山石,可独立成景也可与水、植物、建筑等园林要素配合布置。

西蜀园林并不像江南园林那样盛产石材,其掇山置石多就地取材,黄石、青石和花岗岩运用较多。泸州的城市园林多依山而建,山石也顺应地势,既是挡土墙也再现了悬崖峭壁之景(见图 4-38),有的结合流水做了假山瀑布(见图 4-39),有的在岩上刻字(见图 4-40),千古流传,如东岩石刻。

图 4-38　忠山公园

图 4-39　张坝桂圆林公园

图 4-40　忠山公园岩刻

　　山石造景类型十分丰富，表现形式也多种多样，独立成景时有特置、对置和散置。特置石体量较大，常设于入口 [见图 4-41（a）]，或置于广场、草坪中央，作标志性景石聚焦视线，在泸州园林中十分常见；对置，顾名思义即按一定轴线布置山石，不要求严格对称，但要构图均衡、形态呼应 [见图 4-41（b）]，这种置石方式在泸州园林中应用较少；散置遵循"攒三聚五、散漫理之，有常理而无定势"，看似杂乱实际有章可循，以三、五、七、九等奇数成组布置，滨江公园1573 广场处置石便是散置，石块或置于水面或置于池边 [见图 4-41（c）]，隐喻泸州老窖国窖 1573。在和其他景观要素组合时，石景通常更显生气。与水搭配时，石块常伸向水岸对面 [见图 4-41（d）]，且前端细长后部宽厚，模拟自然山石被水冲刷后的景象，同时也与对岸植物和山石形成呼应；与园路搭配时，山石既起到了路沿石的效果，衔接了园路与草地，而高低、大小不一的景石使盘山道路更为自然、让人更有安全感，还可作为坐凳供人休息［见图4-41（e）］；山石与植物搭配时，或单独以一块大石块为中心，前方配以低矮的花灌木，后方配置稍高的大灌木、小乔木，突出主景石，或以两块高低不一、大小不等、相互呼应的山石为主景［见图4-41（f）］，配以植物，作点景、对景等。

（a）特置	（b）对置
（c）散置	（d）山石与水搭配
（e）山石与园路搭配	（f）山石与植物搭配

图4-41　山石配置方式

4.3.3　水体

水是生命之源，滋养万物。水无定性，随物赋形，遇方则方，遇弯则弯，可深可浅，可动可静，千姿百态。水是园林之魂，园林常因水的融入而更有灵性、更有意境，可以说园无水不活。中国古典园林自古便十分注重理水，讲究掩、隔、破，即水与建筑、花木、山石和园路等元素的搭配，以花木掩映水岸柔化边界，以堤、浮廊、步石或桥等隔断水面分隔空间，以乱石、细竹、野藤等乡野元素打破人工水景，营造山野之趣。

"水随山转，山因水活"，泸州城依山傍水，山水资源十分丰富，山水的有机组合使泸州城多了一抹灵气。泸州城市公园中的水形式多样，有江、河、湖、池、溪、岛、瀑布等。因地形复杂多变，高低起伏大，泸州园林理水常因势而为。高差较大处有瀑布、跌水，塑"一泻千里"之势；沿山脊作溪流，顺势而下，时宽时窄，时缓时急；地势平坦处作湖、潭聚水；临江可借江景，登高俯视，江河尽收眼底，如滨江公园、东岩公园和百子图文化广场等，泸州历史上著名的海观楼就因为枕江而立，可观潮水浩瀚奔腾而引来无数文人墨客驻足并留下优美诗篇；有河流流经，则引水入园，围河造景，保持其自然姿态（见图4-42）。泸州园林理水注重因地制宜，处理手法十分灵活。

图 4-42　泸州园林中的水景

泸州园林中的水多为动态水，形状不一，自然式水面，天然的水资源优势使其水域面积相对较大（见图4-43）。水体的布置因山就势，多沿对角线分布，贯穿全园，抑或主水面位于公园中心，起统领作用。水体形状也随山势而变，在地势平坦处汇聚成湖，水面开阔，呈不规则长条形，常设园桥于其上，分隔空间，设水榭、舫、亭等于岸边，增加水面变化；在地势稍陡处，沿坡度顺流而下，或宽或窄，向外分流，结合山石小路，营造自然山林风光。泸州园林中的水体形状较为自然，多采用先抑后扬或先扬后抑，由大变小，由宽及窄，结合地形变化，使游人身处其中而各处水面景致不一。

（a）忠山公园　　　　　　　　　　　　（b）张坝桂圆林公园

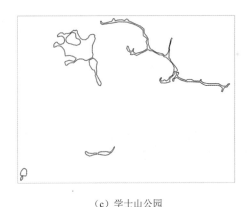

（c）学士山公园

图4-43　泸州园林中的水体形状

4.3.4　小品

园林小品是园林文化的重要载体之一，起装饰点缀作用，具有指示照明、健身游乐、休息卫生等辅助功能。园林小品对于提升园林品质、吸引人群和表达一定的寓意发挥着重要的作用，是园林中的点睛之笔。常见的景观小品类型有雕塑、灯具、指示标识、景墙和地刻等。

在众多景观载体中，景观小品对城市文化的表达最为直观，是重要的城市文化符号。每个城市、地区都有其丰富的人文内涵和地域特征，没有城市内涵的景观小品，无法能将小品内涵，甚至是城市文化内涵传达给大众。文化内涵的传达失败，在一定程度上会使城市文化符号消失，严重的还会导致文化衰落。因此，在一定的地域环境下，通过设计和布置富有地方特色文化的景观小品，表现一定的特色和审美情趣，是地域性文化表达的重要方式。泸州的园林小品形式多样，印有"白塔朝霞"图案和简介的垃圾桶［见图4-44（a）］、刻有各种"酒"字体的百酒图地雕［见图4-44（b）］、载有泸州历史的景墙［见图4-44（c）］和刻有童子形象的汉白玉文化柱［见图4-44（d）］等，这些都是富有泸州特色文化的小品，纷纷向市民传递着历史的信息。

（a）垃圾桶

（b）百酒图地雕

（c）景墙

（d）文化柱

图4-44　泸州园林中的景观小品

　　泸州以酒闻名，是我国唯一得到官方冠名的酒城，其酒文化是重要的城市文化之一。如何在泸州园林中展现这一特色文化，景观小品发挥了巨大的作用。在泸州众多公园中,数滨江公园的景观雕塑小品最多,其中又以酒文化小品居多。"麒麟温酒器"是我国古代酒器中的孤品,更是泸州的代表性器物,于泸州纳溪区上马镇出土,是泸州酒文化源远流长的最好证明。滨江路上的酒文化小品,以"麒麟温酒器"为开端,由南至北放置了众多形态不一、内容丰富的小品(见图4-45),有展现泸州人猜拳、畅饮、醉酒等姿态的泸人嗜酒图雕塑,展示起窖、拌料、蒸馏、出甑、制曲、摊酿、入窖、装坛传统制酒的八步工艺流程雕像。还有一些雕塑小品结合了泸州的民俗文化和历史文化,以国家非物质文化遗产——泸州分水油纸伞为原型的油纸伞雕塑,"伞面"取用川剧脸谱造型,在阳光照耀下投射出不同的脸谱倒影,设计巧妙,富有韵味;诉说老一代故事的"纤夫"雕塑,再现滨江古码头曾经生活过的纤夫的工作场景,唤起人们的回忆;展现泸州市民日常生活娱乐活动的"照耍"雕塑,生动自然,空一位的设计手法,更增加了小品与人之间的互动性(见图4-46)。这些景观小品是泸州本土元素的缩影,表达着泸州特有的地方文化。

(a)麒麟温酒器

(b)泸人嗜酒图

(c)制酒八步法

图4-45 酒文化小品

（a）"油纸伞"雕塑　　　　　　　　　（b）"纤夫"雕塑

（c）"照耍"铜制麻将情景雕塑

图 4-46　泸州民俗、历史文化小品

4.4　泸州园林景观特色小结

4.4.1　植物景观特色

（1）多层次的植物景观。泸州气候条件优越，光照充沛，雨热同期，各类植物均能较好生长。因而乔木长得高且大，草本植物和蕨类的应用也十分普遍。结合山石地形，或形成上层香樟冠层交错，中下层棕竹、红叶石楠、冷水花灌草连绵，中上层视线开阔通透的植物景观；或形成上层香樟、朴树，中上层桂花、紫薇，中下层杜鹃、红花檵木、细叶麦冬，层层分明，错落有致，生态荫蔽的植物景观。

（2）偏热带植物的广泛应用。泸州温暖湿润的气候适合部分偏热带植物的生长。热带植物乔木多高大且枝繁叶茂，而灌木草本叶色艳丽奇特，观赏期长，观赏价值高，因而在泸州园林中我们常能见到偏热带植物的身影，如红花羊蹄甲、小叶榕和蓝花楹以及成片栽植的鱼尾葵林。

（3）"本土植物为主，外来植物为辅"的配置策略。泸州地带性植被为常绿阔叶林，常绿阔叶植物较多。在进行植物景观营造时，泸州园林植物景观设计采用以乡土的常绿植物为主，辅以各种外来的四季或多季可赏的色叶或开花植物，塑造出了富有地域特色的园林植物景观。

（4）丰富多彩的季相。因气候温暖，泸州秋冬观赏植物相比北方和江南更为丰富，可选择性更多。这点在观花和观叶植物上都有所体现，如红花羊蹄甲、三角梅、花叶艳山姜、冷水花等偏热带性植物的应用。因而在季相景观上，除了春夏的花红柳绿、碧荷青栀，秋冬也有诸多可赏的花卉、草本，达到四季有花可看，四季有景可赏。

4.4.2 传统园林建筑特色

（1）类型丰富多样。泸州园林中建筑类型丰富多样，根据环境特点、功能需要合理布置——主水域边设宽敞的厅堂，把控全局；水岸边设长廊、水榭和舫，悠闲自在，互成对景；水面设桥分隔空间，似隔非隔；溪边、路旁、登高处设亭，且停且游，近观远眺，游憩一体；入口处设牌坊，转换空间，各类型功能不一，形式多样。

（2）布局因山就势。因地形因素，泸州园林建筑布局总体呈自然式，没有明显的轴线，常根据设计需要布置建筑。平缓处放置主要的、多数的休闲游憩建筑，分散布置；陡峭处或少设甚至不设建筑，或结合台阶，依地势形成中轴对称的台地景观，主体建筑位于中轴最高处，统筹全局，形成小区域规则式布置、大范围自然式布局模式。

（3）总体统一、个别存在差异。受设计者影响，泸州各个城市园林间风格存在明显差异，即同一设计师或单位设计或提升改造的园林风格保持一致，而不同设计师或单位设计的园林风格则明显不同。忠山公园、龙透关公园、东岩公园和滨江路景观带等均出自杭州市园林绿化股份有限公司之手，在建筑形态风格上有着高度的统一性，而百子图历史文化长廊和张坝桂圆林公园的设计者各不相同，三者间园林建筑形态和风格存在较大差异。因忠山公园影响最大，且杭州市园林绿化股份有限公司在泸州所做的项目最多，使泸州园林建筑风格表现出了总体统一、个别存在差异的特点。

（4）类江南式风格。受江南设计手法影响，泸州忠山公园、龙透关公园和东岩公园中的园林建筑明显带有江南园林式风格。从屋脊形态、建筑立面、建筑色调，到材料结构，粉墙黛瓦，飞檐翘角，泸州园林建筑更趋向江南园林建筑的精致婉约，少了泸州古代园林建筑在装饰艺术上的独具匠心以及与周围环境融为一体的古朴秀雅。

4.4.3　其他园林要素特色

（1）因地制宜，灵活自然。不像平原地区需要挖湖堆山，泸州自身有山有水，景观资源十分丰富。造园时，常因地制宜，借山之高、水之广，因势造园，坐拥山景、水景，使园在山中，山在水中，枕山环水，尽显山水城市魅力。

（2）内涵丰富，体现特色。园林的魅力在于其富含的文化，使人游其中，能品之有味、思之有韵。泸州园林充分利用园林要素，并以各种雕塑、小品和景墙、景石为载体以及各种地雕石刻，进行当地文化展示，展现泸州特色景观。

4.4.4　城市园林景观总体特色

从以上分析可知，泸州城市园林景观地域性特色的形成，与其所处的自然环境及其城市历史文化密不可分。泸州温润的气候条件塑造出颇具南国风情的植物景观；复杂的地形、丰富的水系资源打造出鲜明的山水格局；外来文化的引入营造出富有江南风味的园林建筑式样；特有的文化孕育出极富历史内涵的园林景观。总而言之，泸州因山而秀，因水而柔，因历史文化而有韵，总体园林景观特色表现为"生态理念与文化意蕴兼备、西蜀风情与江南韵味并存、枕山环水的醉美园林"。

泸州园林景观地域性特色比较研究

西蜀园林因风格突出，不同于江南园林、北方园林、岭南园林而自成一派。泸州作为四川省下辖市，其园林隶属西蜀园林派别。受当地文化、自然因素等影响，泸州园林在西蜀园林的大背景下发展，具有西蜀园林风格特点的同时又有着自己的独特之处。本章通过对泸州园林与眉山和宜宾园林进行对比，分析总结泸州园林总体景观的地域性特色。

5.1 比较研究的背景

1．自然因素

从地理位置看（见表 5-1），三座城市处于同一纬度带，同属亚热带季风性湿润气候，地带性植被均为亚热带常绿阔叶林，气候条件较为相似，因而在园林植物的种类和应用上相似性较大。从地形地貌看，三座城市均有较大的地势起伏（见图 5-1），呈现出较为明显的山地景观。从水资源来看，泸州有长、沱两江贯穿境内，眉山有岷江、青衣江流经境域，宜宾有长江、金沙江等汇聚于此，三座城市均有丰富的水系资源。

表 5-1　　　　　　　　泸州、眉山和宜宾地理坐标比较

城市	东经	北纬
泸州市	105°09′ ～ 106°28′	27°39′ ～ 29°20′
眉山市	102°29′ ～ 104°18′	29°18′ ～ 30°09′
宜宾市	103°36′ ～ 105°20′	27°50′ ～ 29°16′

（a）泸州市地形

（b）眉山市地形

（c）宜宾市地形

图 5-1　地形比较

2．人文因素

从文化来看，泸州、眉山和宜宾均为四川省下辖市，深受蜀文化影响。自古蜀尚"文"、巴尚"武"，表现在纪念园林上，蜀地纪念的历史人物多为文人、文官，而巴地纪念的则多为武将。

5.2　地域性园林景观特色比较

眉山是苏洵、苏轼和苏辙的故乡，三苏祠是眉山园林的典型代表。整座城市以"三苏文化"为立足点和核心塑造城市形象，展示地域文化内涵。宜宾是黄庭坚效仿兰亭意境建流杯池，行"曲水流觞"之乐之地。通过对流杯池景区的扩建、新建和重修，园区形成了以黄庭坚系列文化为主题的流杯池景区和以纪念诸葛亮的丞相祠为主的三国文化景区，较好地将宜宾的酒文化、诗书文化和三国文化串联在一起。综上可见，眉山和宜宾的城市主题文化其实都带有一定的纪念意义，纪念对象也均为文官或文人，与西蜀以纪念性园林见长的特点相契合。泸州的纪念性园林，历史上有尹公祠、鹤山祠和武侯祠，纪念对象——尹吉甫（西周太师）、魏了翁（泸州知州）和诸葛亮（蜀汉丞相）均为文官。但因各种因素，这些祠宇园林在泸州并未有过多的发展，品质和规模上都不及其他城市的祠宇园林，在泸州未占据主导优势，因而纪念性园林在泸州未成为主要园林类型。

眉山园林有"三分水，两分竹"之说，这既与苏东坡爱竹以及竹所蕴含的品格有关，也因西蜀地区的气候环境十分适宜竹的生长繁殖。放眼西蜀，竹无处不在，且常与历史名人相关联，极富文化内涵，可谓西蜀代表性植物。宜宾更有世界级风景名胜区——蜀南竹海，且流传着各种关于竹的传说和故事，历代更有不少诗人咏宜宾竹，使宜宾的竹文化内涵更为丰富。泸州也有丰富的竹资源，如纳溪的大旺竹海。但在泸州的城市公园中，并未见到较多的竹，竹与泸州园林之间的文化联系也较少。泸州园林中的文化植物主要为荔枝，因其质高自古便见种植，在唐朝是贡品，而宜宾也有悠久的荔枝种植历史。杜甫有诗"忆过泸戎摘荔枝"，其中的"泸""戎"分别指泸州和宜宾；"一骑红尘妃子笑，无人知是荔枝来"，更有专家学者猜测当年杨贵妃所吃的荔枝便来自泸州或宜宾，说明泸州、宜宾的荔枝自古便很出名。泸州荔枝以张坝桂圆林公园中的种类最多，数量最大，但与园林文化结合较少。除竹外，在眉山和宜宾城市园林中，小叶榕、棕榈等热带性、温带性植物应用率较高。植物配置以常绿阔叶树种为主，并搭配一定的落叶、色叶植物，整体植物景观显得较为朴素、清雅，泸州亦如此。

5.3 小结

5.3.1 泸州园林对西蜀园林的传承之处

（1）蜀文化的传承。四川三国时期为蜀国境地，因而全省均渗透着浓郁的蜀文化。诸葛亮是蜀国功臣，深受全蜀地百姓爱戴，在泸州有纪念诸葛亮的"武侯祠"，还将"宝山"改名为"忠山"。在文化方面，泸州延续了西蜀地区的蜀文化。

（2）尚"文"。蜀地"民风淳朴、好义多儒、好文尚礼"，推崇文治，崇尚文学。历史上西蜀地区出过许多文官、诗人，著名的有诸葛亮以及唐宋八大家中的苏洵、苏辙和苏轼。相应地，西蜀纪念性园林以纪念文官、诗人为主。在泸州，历代的文官为泸州的政治、经济、文化做出了极大的贡献，诗人谱写的诗篇更为泸州增添浓厚的文学气息，纪念文官、诗人的祠宇园林在泸州历史上也能寻到踪迹。

（3）特色植物的共有性。因气候条件相似，都是竹的良好生长地，泸州同西蜀其他地区一样，拥有丰富的竹资源，有成片的竹海景观。因特殊的气候条件，四川是我国荔枝最佳产地，其中以宜宾和泸州的荔枝最负盛名、品质最好，是历代的贡品。

5.3.2　泸州园林有别于西蜀园林主流之处

（1）主要园林类型。西蜀园林以名人纪念园取胜，园林文化内涵丰富、个性鲜明，并因此在地域园林中特别突出。这与历史上名人入驻西蜀园林密切相关，如三苏祠（纪念苏洵、苏轼、苏辙）、曲杯池（黄庭坚）等。对比泸州园林，历史上虽也有名人入泸，但纪念性景点少，多被毁灭遗迹不存，且影响力也不够。因而在园林类型上，祠宇园林虽有，却不像眉山、宜宾一样可以分别以各自的纪念性主题文化塑造整体城市形象。在泸州，其园林更善于以山、水和酒文化为主题营造城市景观，园林类型以自然山水园为主。区别于西蜀园林主流以纪念性园林为典型，而泸州从古至今则以自然山水园为重点。

（2）园林文化。文化方面，整体上泸州园林与西蜀园林文化一脉相承，但又保持着自己的文化特点。如西蜀地区的三国文化、蜀文化，表现在园林上，即纪念性园林，并突出表现为对诸葛亮的纪念。在泸州，就有相应的忠山武侯祠、龙透关，与西蜀园林主流保持一致。泸州酒文化突出、山水文化丰富，因祠宇园林未占主导优势，其城市主题文化以富有酒文化内涵的山水文化为主。

在园林植物文化上，西蜀有着鲜明的竹文化，三苏祠竹文化特立突出，而宜宾竹自古也享誉全国，文人墨客纷纷赋诗夸赞。泸州有着丰富的竹资源，但相比之下，竹与历史文化联系不够密切，或者说不如眉山那样，一说起三苏祠，人们立马会想到它的竹文化。荔枝也是如此，没有相应的园林和它对应，有别于西蜀园林主流中植物文化与园林密切结合、特色文化植物鲜明突出的特点。

泸州典型城市公园绿地案例分析

6.1　忠山公园

6.1.1　概况

忠山公园位于泸州市江阳区忠山南麓,于 1978 年竣工并正式开园,历史悠久,是泸州市最早的城市公园。忠山古称"宝山",历史文化背景丰富。其名之由来是为纪念诸葛亮及其子孙的忠心而更改;"百善孝为先"历来是我国的传统美德,"忠""孝"文化是忠山根本文化内涵所在。此外,泸州古八景之一的"宝山春眺",其中的"宝山"指的便是"忠山"。忠山公园不仅是泸州城区的城市绿肺,更是一座地域特征突出、人文特色鲜明的综合性公园。

因园内设施老旧、绿化单调,忠山公园于 2012 年进行提升改造。以"拆""增""改""提"为设计思路,恢复原有文化景观,挖掘忠孝文化的内涵融入景观意境,提升公园品质。

6.1.2　设计分析

1. 总体布局

中国古代园林最传统的为山水园,忠山公园依托忠山得天独厚的自然环境与人文内涵,在景观空间布局上充分利用地形和丰富的水资源,形成有山有水、山环水绕的景观格局,是典型的山水园。园区规划以因地制宜为宗旨,顺水势打造水轴,并沿水脉布置忠山十景,即"宝山春眺"、清音谷、清音台、静远湖、樟树茶园、曲莲池、观鱼池、盆景园、孝行广场和忠山广场。外围的山体构成一条山环，水轴和山环一起塑造出"一轴一环十景"的景观空间格局（见图6-1）。

　　水轴居于整个公园的中心位置，以此为基准，串联、衔接各个景点，使公园更为系统、更具整体性。西侧静远湖是整个园区最大的湖，采用一池三山的营造模式，打破因水域面积大而可能产生的单调感，极大地丰富了水面景观。园区水系分成了三大块，以清音谷为源头，水自上而下，水面面积依次减小，汇聚而成静远湖、曲莲池和观鱼池，中间以溪涧形式连接，形成一个完整的水系（见图6-2）。水流随地势时而湍急时而缓慢，结合周围的古树参天、花草丛生，十分富有山林野趣，更显忠山之古韵。

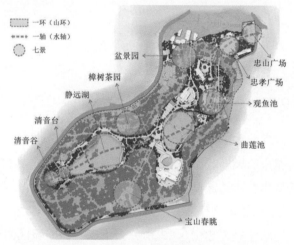

图6-1　景观结构

图6-2　忠山公园平面图

2．竖向设计

因坐落于忠山上，公园地势变化明显，整体为南高北低趋势（见图6-3）。忠山公园有着明显的山环和水轴，山高而环绕成环，水低而绵延成轴。

从山环来看，公园最北端即忠山山脚地势最低，亦即公园入口。入口往南，地势层层抬高，有斜坡（见图6-4）、台阶（见图6-5）和爬山廊（见图6-6）等，引导游人向上行走。往南至280大梯步，上下高差约有44m，梯步垂直等高线而上，十分壮观（见图6-7）。走完梯步，便到了泸州八景之一的"宝山春眺"旧址，如今的宝山春眺是对原来该景点的恢复。当然，如今的泸州高楼林立，登楼远望，已不见往日"宝山春眺"之景，景点恢复更多地是想让市民了解这段历史。280大梯步沿园路再往南，便到了全园的制高点，此处有一凉亭，但因"宝山春眺"更为有名，从突出主景来说，此处并未有过多的处理。从水轴来看，清音谷作为水系源头，地势最高，水自西南往东北流。从假山跌水到自然跌水，再到溪涧，水体依山势层层下落，积聚成各个水面，结合亭、廊、榭等园林建筑及山石、植物，形成各个水体景观节点。

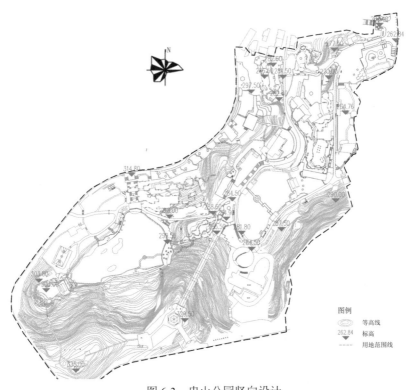

图6-3　忠山公园竖向设计

图 6-4　斜坡

图 6-5　台阶

图 6-6　爬山廊

图 6-7　280 大梯步

3．生态设计

"任何与生态过程相协调，尽量使其对环境的影响破坏达到最小的设计形式都称为生态设计。"这是著名景观设计师斯图亚特·考恩（Stuart Cown）提出的观点。生态设计因在可持续发展、改善环境方面意义非凡而应用广泛。园林中所讲的生态，除了指所营造的景观具有生态功能外，也指在营造的过程中通过生态手段来达到预想效果，如材料的循环再利用、因地制宜以及人与环境的友好共存等。

（1）生态树池。泸州园林中不乏生态设计，最常见的便是生态树池。生态树池即以透水材料或栅格类材料替代硬质不透水铺装，覆盖于栽种在铺装地面上的树木周围，并使栽种区域内土壤低于铺装表面，在一定程度上起收集地面雨水、延缓地表径流峰值作用。泸州园林中的树池有多种表现形式，如在树木周围种植低矮的草本植物，达到共生效果，既软化了硬质铺装同时也在单位面积增加了绿化量；在树池周围铺设透水的木质铺装，增加地面铺装变化，植物也可从缝隙中长出，更显自然（见图 6-8）。透气渗水的树池设计，不仅美化、改善了环境，更有利于树木生长，最大限度地发挥出树池的生态效益。

图 6-8　生态树池

（2）保留与再利用。在公园绿化方面，忠山公园古树遍布，改造过程中基本保留了园区原有的树种（见图 6-9），当设计与原有树木冲突时也尽量使树木保持原状，不破坏当地树木。另外，地形也未做很大的改变，基本依山就势，减少人力。在进行水体改造时（见图 6-10），变废为宝，收集了改造前池塘和湖泊中的淤泥，用做日后园区树木花卉的天然肥料，既节约了成本，也充分发挥了施工废料的再利用价值。

图 6-9　树木保留　　　　　　　　　　图 6-10　水体改造

（3）人性化设计。忠山公园还有很多宜人的设计，增加游客体验感与舒适感，使游客游览与公园环境有机结合，达到生态宜人的目的。

坐凳是公园中必备的园林设施，当坐凳结合围栏达到两用的效果时，又多了一丝巧妙。坐凳结合栏杆，方便游人休息，高度上不会给人压抑、阻挡感，但又给人一定的心理防护作用，设计十分灵活。如图 6-11（a）所示的坐凳栏杆布置，未全部围合，而是到靠近台阶处为止，既达到了围护效果，游人也可从右侧直接下台阶，十分人性化。园区中这种做法几乎到处都有，还有园桥作单侧低矮的坐凳栏杆，也有挡土墙结合坐凳等都在一定程度上满足了人们的需求和景观效果的需要。忠山公园因地势高差大，台阶无处不在，为方便轮椅及儿童车上下，园区内台阶多结合斜坡布置［见图6-11（b）］，方便各类人群入园游玩。

（a）   （b）

图6-11　人性化设计

6.1.3　地域性特色分析

自然与人文要素是景观地域性特征形成的来源所在，忠山公园自然环境优越、人文内涵十分丰富，其园林景观的塑造也更为丰富多变。

基于尊重忠山当地环境条件原则，忠山公园改造注重因地制宜，根据自然环境和地形特征配置山石、设置水榭亭廊、丰富水体形式，进行景观空间营造。在园林绿化方面，公园对古树做了保留再利用的处理方式，还种植了泸州常见的银桦、桂树并增植了辅助色系和季节性的灌木和乔木等，使得园区四季植物景观更为丰富多彩。在地形处理方面，延续忠山整体格局，利用原有地形地貌，依山就势布置景观。

基于尊重忠山当地历史文化原则，忠山公园以"忠""孝"和"生态"为基本设计理念，设置了各个文化节点（见图6-12）。渗透忠、孝及泸州文化的景观无处不在，如富含文化内涵的石刻（见图6-13）、地雕（见图6-14）和景观小品（见图6-15）等，还有结合景观长廊，宣传"忠""孝"内容的景观文化长廊（见图6-16）。在一些重要节点的改造上，主体延续原来古朴简单的风格，对不和谐的因素进行处理，主要表现在对园林建筑的改造处理。改造前园区景观建筑破败陈旧，建筑色调过于艳丽，与泸州传统园林风格不相符，缺乏古代园林的历史韵味（见图6-17）。因此，在进行公园建筑改造时，园区内部分建筑立面被改造成川南民居风格（见图6-18），即穿斗式建筑构造，并与园区其他改造建筑物风格形式保持一致。在忠山公园改造工程中，还通过在景观建筑上雕刻与忠山公园相关的楹联诗句（见图 6-19），把中国古代园林艺术融进去，以增加公园历史文化的厚重感，使景观有情有境有景。

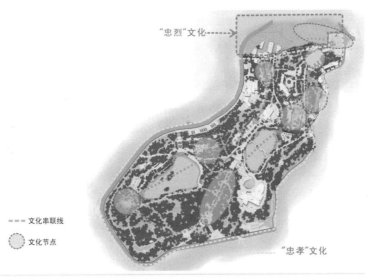

图 6-12　文化脉络、节点

图 6-13　"宝山赋"石刻

图 6-14　"忠山"地雕

图 6-15　酒罐花钵

图 6-16　"忠""孝"文化宣传长廊

图 6-17　改造前建筑

（a）改造前　　　　　　　　　　　　　　　　（b）改造后

图 6-18　建筑立面改造前后对比

图 6-19　忠孝亭楹联

6.1.4　小结

　　辩证地看，忠山公园既有成功之处，也存在不足。一方面，忠山公园是泸州最早的城市公园，也是泸州最具代表性、历史最为悠久的公园。提升改造后的忠山公园面貌焕然一新，文化内涵也更为丰富。改造前公园内建筑陈旧，公园文化表达不够充分，整体风格不协调，难以满足市民对高品质公园的需求。改造后，公园集生态、山水和中国古代园林于一体，因地制宜，充分提炼文化要素，为市民提供更好的休闲、娱乐环境的同时，还能感受公园的历史内涵，深受市民喜爱。该项目获得了很大的成功，荣获多项大奖。其最大的成功之处在于延续了忠山历史文脉，将"忠孝"文化渗透至公园每个角落，做到了历史人文与园林景观的高度融合，打造出了极具地域性的泸州园林。

但另一方面，由于项目工程设计师、主要施工人员大多来自江浙地区，其设计手法、施工工艺更偏向于江南园林风格，以致打造出来的园林景观与泸州所属的西蜀园林风格不相符。如泸州当地古建筑属川派建筑，即穿斗式构架、吊脚楼式建筑，常依山就势而建，灵活多变。但就忠山公园来看，其内部新建景观建筑整体倾向于江南古典园林建筑风格。虽在体量、门洞形态、檐角上挑角度等上略有不同，但外形十分相似，带有浓郁的江南风（见图6-20～图6-23）。另外，在泸州地域性特征要素运用表达上，设计过于局限，大多用于小品、植物和石刻等，而在园林铺装、灯具、座椅、音响和构筑物的材料工艺等元素中，泸州地域特色的表现不够丰富。

（a）忠山公园观鱼轩

（b）苏州拙政园与谁同坐轩

图 6-20　园林建筑比较（一）

（a）忠山公园静亭

（b）杭州西湖湖心亭

图 6-21　园林建筑比较（二）

（a）忠山公园荷香舫 　　　　　　　　　　（b）曲院风荷不系舟

图 6-22　园林建筑比较（三）

（a）忠山公园半亭 　　　　　　　　　　　（b）网师园半亭

图 6-23　园林建筑比较（四）

6.2　滨江路景观带

6.2.1　概况

　　滨江路位于泸州市江阳区，为泸州沿江的一条大道，北起沱江一桥，南至长江现代城，分滨江路一段、二段、三段和四段，全长约有 5.1km（见图 6-24）。泸州古代有八景，其中有三景就位于滨江路——海观秋澜、东岩夜月和余甘晚渡。滨江路毫无疑问是泸州城市名片之一，更是泸州人的休闲胜地。然而 2012 年因泸州市遭受五十年一遇特大洪水，市政设施及景观环境受到极大的损失，灾后市民休闲活动空间遭到了极大破坏。滨江路作为泸州"两江四岸"重点打造工程，灾后市政府提出对其进行修复和景观提升改造。改造后的滨江路低调、奢华、有内涵，深受市民喜爱。

图 6-24　滨江路范围

6.2.2　设计分析

1．总体布局

滨江路景观带跨度长，呈带状沿江分布，北临沱江，东临长江，两江交汇于管驿嘴。整段滨江路景观带以市民广场为起点拉开序幕，以管驿嘴中心文化广场为核心，以泸州传统文化为脉络，通过滨江文化休闲景观带串联各个景观节点，向南延伸。每个节点都有各自的主题文化，如以泸州古代著名鹤山书院为载体，将鹤山书院置于牌楼之上的"书"空间；以泸州清代古城图为蓝本构设的立体图卷的"画"空间；以泸州历史名人杨慎在管驿嘴所作诗词《临江仙》为蓝本的"诗"空间等（见图 6-25）。整体设计以泸州酒城文化为线索，以与酒有关的书、画、诗等为载体，展现出极其浓郁的地域特色。

2．竖向设计

滨江路景观带因江面常水位低，考虑到夏季汛期潮涨，地面与江面之间高差大。竖向上大部分区块呈三级分布（见图 6-26），分上、中、下三层，并以石质大梯步衔接。堤上上层和中层主要结合泸州文化彰显历史韵味，即以石刻、雕塑、古建筑为载体，结合山石、植物配置，塑造特色景观；堤下考虑到江水上涨，修建了江边挡墙，起防护作用。上层因地势高，适于临江眺望江景；中层滨临江水，远离城市街道，相对清静。

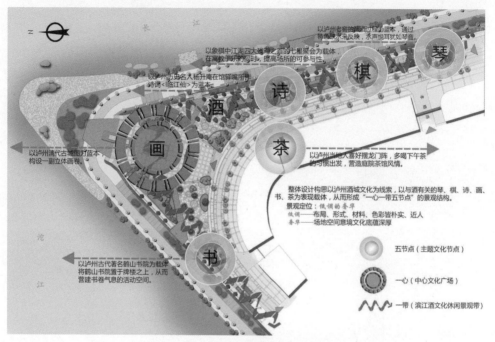

图6-25　滨江路景观带景观结构（部分）

图6-26　滨江路景观

3．生态设计

改造前滨江路景观带景观单调，设计手法较为单一；改造后，通过生态的处理方式使得滨江路景观带更为大气美观和丰富多变，也更为科学合理。在花坛处理上，设置低栏、中栏和高栏花坛，丰富了景观应用形式。高栏花坛常结合坐凳布置,实现休憩、观赏与实用的三重效果。在材料使用上,瓦片被应用于各个花坛,既对花坛植物起到围合作用,形态上也更为美观自然(见图6-27)。在植物配置方面,改变了原先以高层植物为主的配置模式,增加了中下层耐阴植物,使单位面积内绿化量增加,生态效益提高,各层植物也能得到更好的生长。同时,还配以色叶树种,既丰富了季相变化,也增加了植物多样性。在滨江路,植物组团随处可见(见图6-28),它们并不会以单一的植物或生活型出现,更多的是以"乔木+灌木""乔木+地被"或"乔木+灌木+地被"等配置模式组合布置,形式灵活,也更显生态美观。

图 6-27　花坛　　　　　　　　　　图 6-28　植物组团

6.2.3　地域性特色分析

滨江路灾后重建景观提升工程项目结束后,滨江路被誉为一条"不可复制的滨江路"。所谓"不可复制"就在于其浓郁的泸州地域特色,它所传递的信息和呈现的景观都是关于泸州的,也只属于泸州。滨江路景观带文化内涵十分丰富,有酒文化、长江文化和民俗文化。其中,又以酒文化的表现最为深刻,展现方式也多种多样。在滨江路景观带中,其涉及的地域文化表达方式主要有借鉴、保留、再现、象征和隐喻。

1．借鉴

好的景观大多具有一定的内涵,而这种内涵多取自当地传统文化,亦即对传统文化的借鉴。借鉴绝不是对传统文化的原样复制,而是在充分了解的基础上进行元素符号提炼,最后进行创新设计。西蜀地区建筑最大的特点是穿斗式构架,泸州也不例外(见图6-29)。滨江路中的公厕建筑在立面上借鉴了泸州当地民居建筑,提取泸州民居中常用的外墙立面线条形式,又结合滨江路整体风格特点,塑造出了具有泸州地域特色的景观建筑(见图6-30)。

图 6-29　泸州尧坝古镇民居建筑立面　　　　图 6-30　滨江路公厕建筑立面

2．保留

任何事物包括人都是历史的参与者、见证者和创造者，经过时间的打磨，都带有一定的历史印记。当周围所有东西都在变，而有历史内涵的事物被保留下来时，它便有了更深刻的意义与价值。它能唤起人们的共鸣，让人找到认同感和归属感。

泸州是长沱两江汇合处，依山傍水，自古以来航运就十分发达。得益于水运交通优势，早在明代中叶泸州便已成功跻身全国 33 个重要商贸城市行列，泸江古航雕塑更是印证了这一段历史。改造后这座雕塑被完好地保留了下来（见图 6-31），另外还有其他的雕塑、凉亭、廊架和石阶以及滨江路上的绝大部分古树名木和植被都得以保留，构成老滨江路的框架，使人们还能搜寻到以前滨江路的影子，唤起人们的回忆。

图 6-31　泸江古航雕塑

3．再现

在历史事物遭到破坏或因其他因素而无法保留下来，人们又期望再见到它时，对事物或场景进行再现是常见的解决方式。

坐滑杆是泸州老一辈人的记忆，随着现代交通方式的发展，现在已难觅踪迹。滑杆雕塑的设计是对泸州人们旧生活状态的再现（见图6-32），让泸州年轻一代了解这段历史，让老泸州人找回这段记忆。古泸州有九道门，东门是其中最大的码头，万商云集、繁华至极，它不仅是商贸码头、官船码头，也是老百姓的渡口，后于民国十一年（1922年）被拆除。改造后，东门城楼原址重建，再现古泸州雄风（见图6-33）。这是文化的复兴，更让市民在游玩中了解泸州东门口曾经的繁华，了解历史上的东门口。

图6-32　滑杆雕塑

图6-33　东门城楼

4．象征

象征即借助具体的事物暗示特定的人物或事理，表现抽象文化内涵，如传统园林中"一池三山"造园手法，以普通的"三山"象征东海中的蓬莱、方丈、瀛洲三座仙山。

1573国宝窖池群是全国重点文物保护单位，至今仍在使用且原址原貌都被完整地保护了下来。国窖1573源自该窖池群，为首批入选国家级非物质文化遗产的泸州老窖酒传统酿制技艺纯手工酿造。其中的数字指的是该窖池的始建年份，即明万历元年（1573年），距今有440多年的历史。滨江路1573大瀑布长157.3m、最高处4m，瀑布前放置的4组共16个铜制酒坛也分别按1、5、7、3的数量分组布置（见图6-34），象征国窖1573中"1573"的数字寓意。整体设计与国窖1573相契合，水景观与酒文化达到了充分融合，自然生动，寓意丰富。

图 6-34 "1573" 大瀑布

5.隐喻

隐喻即把具有历史意义的事物通过景观手段表现出来，给人以暗示，让人去感知、品味其中的内涵。

泸州版图地雕以泸州清代古城图为蓝本，构设了一幅立体画卷（见图 6-35）。从清代到现代，泸州城市发展迅速，城市格局与整体面貌变化巨大。通过对清代泸州版图的刻画，让市民在游玩之余感受城市变迁，体味泸州的古与今。2012 年7 月 23 日泸州遭受特大洪灾，在滨江路景观带改造设计中建立了一块刻有"243.95"水位标志的纪念碑（见图 6-36），碑体刻注了遭受洪灾的日期以及洪峰警戒线，并刻有说明性文字，让人在享受新环境的同时不忘泸州市在本次洪灾中所受到的创伤，同时也让市民了解到本次改造工程的目的。

图 6-35　泸州版图地雕

图 6-36　纪念碑

6.2.4　小结

如果把忠山公园比喻为一位耄耋老人，他沉稳、淳朴、有故事，承载着泸州的过去，那滨江路景观带就是风韵犹存的半老徐娘，她耐看、优雅、有味道，除了追忆过去，更代表着泸州的现在与未来。滨江路景观带借地利、延文脉，以长、沱两江之大气为骨架，以泸州传统文化为脉络，同时引入江南园林古雅秀美的造园手法，塑造出了极富韵味的园林景观。

从满足市民需求上来看，滨江路景观带改造后，带动附近的市容市貌也随之大有改善。以前烟熏火燎的烧烤摊、随处可见的垃圾和宠物粪便等都得到整治，取而代之的是精致的景观、每500m一设的公厕、雄伟的城楼和整齐统一的街边小铺，整体显得更为大气整洁，为市民营造了极好的休闲游憩空间，满足了市民的需求。

从地域文化的表达上来看，滨江路景观带的设计无疑是非常成功的。通过运用各种小品、地雕、石刻和植物景观，以不同的表达方式向市民及游客展示了泸州的城市内涵、文化。百酒图地雕、单碗、油纸伞等都是带有浓厚地方特色的泸州本土元素，围绕这些元素塑造出的景点都带有各自的故事，能唤起泸州人民的古老回忆。可以说，滨江路就是泸州本土元素的缩影。除去这些本土元素景观，滨江路中还有江南园林元素融入，即江南园林式的粉墙黛瓦、圆门扇窗，精致细腻的山石景观搭配，以及以小见大的空间感受（见图6-37）。关于这点，从园林风格来看，增加了滨江路景观风格多样性的同时也增加了一定的新鲜感，可使泸州市民在家门口就能品味江南园林景观。但从地域性景观的角度来看，在充满文化韵味和历史气息的滨江路景观带上，引入纯江南式园林空间，有一定的冲突性，显得比较突兀。

（a） （b）

图6-37 江南园林式景观空间

结论与讨论

本书归纳总结了泸州古代、近代和现代园林发展进程，分析了泸州园林发展趋势；结合植物、建筑和其他园林要素的特征分析，总结了泸州造园要素的地域性特色和城市园林景观总体特色；与其他西蜀园林进行了对比，比较了泸州园林与西蜀园林主流的一致性以及差异性；最后通过地域性园林的实例分析，强化了泸州地域性城市园林景观特色。

7.1　结论

（1）园林发展特点。泸州园林发展始于古蜀先秦，从萌芽、发展、兴盛、缓慢发展、转折，到近代的再发展以及现代的飞速发展，深受社会经济、政治历史及自然环境影响。社会稳定与否影响着泸州园林的兴衰；蜀地甚至全国园林发展潮流影响着各时期泸州园林的主要园林类型；独特的气候条件使泸州荔枝园尤显特色，泸州园林在历史的进程中不断发展和完善，并逐渐形成如今的风格特点，成为今后泸州园林景观营造和文化传承的依据。

（2）园林要素特点。自然环境和历史人文是地域性园林景观形成的基础，在这两方面因素的影响下，泸州城市园林景观特色总体表现为"生态理念与文化意蕴兼备、西蜀风情与江南韵味并存、枕山环水的醉美园林"。

（3）与西蜀园林主流的异同。泸州园林作为西蜀园林的一部分，总体上与西蜀园林主流一脉相承，均有浓郁的三国文化、蜀文化，尚"文"，多西蜀特色植物；但就泸州自身而言，其丰富的山水资源以及特色的历史文化，使其园林景观呈现出不一样的面貌，突出表现为泸州园林以观山赏水的自然山水园为主。

（4）案例分析。忠山公园和滨江路景观带总体传承了泸州文化，延续了当地的历史文脉，较好地展现了具有泸州特色的地域景观。然而外来文化的过多引入对这两个城市公共绿地地域性的更好表达产生了一定影响。泸州目前的城市园林，多为近年新建、重建或改造而成，因而泸州城市园林中融入了更多现代元素和外来元素，在材料的选择上不限于甚至是不取用当地材料，区别于西蜀园林中常见的就地取材造园方式。另外，园林设计者的造园风格对园林最终的风格特点有着极大的影响。当前泸州诸多城市公园项目的设计师来自江南及其他区域，如忠山公园、滨江路景观带改造工程总设计师为来自杭州园林绿化的李寿仁先生。在设计时，他加入诸多江南元素，采用江南园林式造园手法，如具有江南风格的建筑形态以及江南假山叠石的堆叠方式，使泸州园林部分景观带有了鲜明的江南园林风格特质，呈现出与西蜀园林明显不同的园林风格。

7.2　讨论

（1）"酒"文化的丰富再现。泸州以"酒"为城市名片，但经调研发现，泸州对酒文化的应用大都体现在滨江路景观带上，在泸州其他的城市园林中"酒"文化元素少，且其对酒文化的表现多停留在雕塑、小品、地雕和石刻上，表现形式还不够丰富。如，可以结合泸州老窖酿酒原料——泸州本地的软质小麦和糯红高粱，设计一块酒原料展示区，即以粮谷作物为植物材料塑造景观，这样既呼应了酒文化主题，还把乡野风情带进了城市，更显生态野趣［见图7-1（a）］；另外，还可以结合其他的景观要素——园林灯具、游乐设施、指示牌和坐凳等［见图7-1（b）、（c）、（d）］，进行酒文化塑造。尤其是灯具，设于城市主干道时，给人以强烈的规律感、仪式感，而结合酒元素的路灯更能使泸州市民以及外来游客刚入城便感受到浓浓的酒城特色风韵。

（2）地域建筑形式的传承。泸州新建园林绿地中的园林建筑过多引用江南园林营造方式，且各个公园中园林建筑风格不一，使人难以把握泸州传统园林建筑风格。建议之后的泸州园林景观设计多参考泸州传统民居建筑景观，提取相关地域文化元素，统一风格，进而塑造鲜明的泸州特色园林建筑景观。例如，在建筑外形上，结合泸州精湛的雕刻艺术，可以在建筑正脊、立柱、斗拱、额枋、挂落等装饰富有中国及泸州文化特色的花鸟虫鱼和传统吉祥纹样图案，以建筑细节体现泸州雕刻艺术精髓（见图7-2）。泸州竹木资源丰富，其传统民居建筑中多就地取材，在建筑材料上，可以采用当地丰富的竹、木材料构建泸州传统的"竹篾夹土墙"（见图7-3）。在园林景观中对这一结构形式进行再现，有利于泸州地域特色的展示。

（a）红高粱景观

（b）富含葡萄酒桶元素的灯柱

（c）葡萄酒园中带有葡萄图案的灯具

（d）葡萄酒桶形状的小火车

图 7-1 "酒"元素景观

图 7-2 丰富的建筑装饰

图7-3　泸州佛宝古镇的竹篾墙

（3）外来元素与地域元素的交融。在当前经济全球化和文化多元化的背景下，国外和国内各个地区间的文化频繁出现碰撞、吸收与交融现象。在传承当地传统文化的基础上，如何更好地吸取外来文化并进行设计创新，是值得深思的问题。

泸州园林景观中不乏江南元素的融入，而这种外来元素一旦多于本土元素，城市的地域性特色便会受到破坏，严重的甚至会缺失。对于外来文化，只要处理得当，呈现出来的效果会让人耳目一新却又无比亲切自然。例如，海南海口骑楼建筑群距今有着160多年的历史，总体表现为欧亚古典建筑风格，同时也吸收了带有印度、阿拉伯国家以及本土文化的印记［见图7-4（a）］。受当地自然人文因素影响，海口骑楼建筑有着浓郁的本地风味，有自己的独创性。如在女儿墙上开圆形或长圆形的洞口，减弱海口海洋性气候风力带来的危害［见图7-4（b）］；在建筑立面设计蕴含中国文化、海南文化的装饰元素——宝瓶状雕饰、回字纹、中国结、莲花座等祈福图案［见图7-4（c）］，贝壳等海洋装饰符号以及山花样的吉祥物。海口骑楼建筑形式无疑是外来文化与本地自然环境、历史文化完美融合的典型案例。在时间的推移中，骑楼建筑群逐渐发展成为海口的特色，成为海口的标志性建筑景观。

（a）

（b）

（c）

图 7-4　海口骑楼建筑

因此，在进行地域性园林景观设计时，引入外来文化，对外来文化进行吸收、融合以至创新是十分重要且必要的。对于日后泸州园林引入诸如江南风格式设计手法时，可汲取二者之长。就园林建筑而言，主体可保持建筑外立面穿斗式结构裸露形式、细节融入泸州精雕细琢的装饰艺术，再吸收江南园林建筑精致的外观、优美的形态特征，如四川绵竹年画村（见图 7-5），进而塑造出兼具泸州与江南韵味的泸州地域性园林景观。

图 7-5　年画村

下　篇

泸州地域性园林景观项目赏析

泸州市两江四岸整治滨江路改造工程

杭州市园林绿化股份有限公司（以下简称"杭州园林"）创建于 1992 年，集投资、建设、运营于一体，拥有规划设计、生态建设、农业开发等业务板块，并向文化体育旅游板块延伸。下属浙江园林资源与环境技术研究院、杭州易大景观设计有限公司、杭州画境种业有限公司等子公司，成为美丽中国生态建设系统服务供应商。杭州园林以创新进取的态势拓展多元化绿色产业链，是建设部试点EPC 工程总承包企业，拥有国家城市园林绿化一级、市政工程施工总承包一级、风景园林设计甲级、环境污染防治工程专项设计甲级、环境污染治理工程总承包甲级，城乡立体绿化一级、园林古建筑工程专业承包等十余项资质。杭州园林承建的工程遍及全国，先后获得"国家优质工程鲁班奖""中国优秀园林绿化工程大金奖""浙江省优秀园林工程金奖""浙江省优质建设工程'钱江杯'""安徽省优质建设工程'黄山杯'""江苏省优质工程'扬子杯'""山东省市政金杯示范工程"等多项国家及省市级奖项。本篇介绍的几个项目，是公司历年来在泸州进行景观设计、技术指导或工程建设的众多优秀园林景观工程项目的代表，从中可以管窥杭州园林在地域性园林景观建设方面的不懈探索与追求。

8.1 项目概览

8.1.1 滨江路改造工程（园林局实施段）

1. 项目背景与概况

本项目位于四川省泸州市，涉及泸州滨江路沿线长达 5km 的范围，总设计面积为36hm²。坐拥长江与沱江两岸的秀丽景色,清代诗人张船山曾赞道:"滩平山远人潇洒,酒绿灯红水蔚蓝。只少风帆三五叠,更余何处让江南。"

自2012年"7·23"洪水过后,原有滨江路遭受严重毁损,脏乱差面貌与泸州整个城市实力不断增强的形象极不协调。为此,泸州市委、市政府领导下定决心实施滨江路全面景观提升工程,提高城市品质,让市民更加认可、热爱家乡。

2.现状分析

(1)有利条件。

1)临长江,地理位置优越,场地一侧为滨江路,双向车道,西南方向延伸为泸州长江大桥,北向延伸为国窖大桥,且与市中心之间交通网发达,便于游客到达。

2)沿江防洪平台层次分明,有利于创造多层景观、竖向景观,给予游人更丰富的游览体验。

3)受四川盆地地形的影响,冬季不太冷,夏季温度较高,全年雨水充沛,有利于植物生长,可达到全年常绿的效果,观赏季节长。

4)当地原有植物长势好,加以修饰就可达到很好的景观效果,为建造沿江景观节省成本。

(2)不利条件。

1)沿岸市政设施和原有景观被洪水破坏严重,活动空间分割零碎。原有功能区规划不完善,私家车违停乱停现象突出。

2)泸州本土的历史文化的缺失,景观品质较低。

3)沿江服务设施、休闲设施缺乏,整体风貌脏乱。

3.设计理念

设计在满足防洪要求的前提下,重塑滨江沿线的空间结构,以满足城市发展对本区块的功能要求;并以泸州"诗酒文化""两江文化"等地域文化为脉络,串联起整个沿江景观系统,重现历史景点,完善区内功能结构,为泸州市民打造兼顾地域文化和生态优化、功能服务完善的城市窗口。

4.设计结构与布局

(1)合理利用灾后场地分级设计防洪大堤,解决防洪、城市扩张和景观间的矛盾。

项目清理洪水淤泥用于景观覆土,并根据长江不同时期水位,因地制宜设计多层梯形活动空间,同时,充分考虑生态性和实用性的需求,一举解决了防洪功能、景观功能、停车功能和市民活动功能。

项目沿江大堤平台设计注重大小空间交错与上下空间衔接，使其无论从平面还是沿江立面上都具有丰富的景观空间。同时，沿江大堤平台还保持同滨江路商业街的无缝衔接，使行人畅行无阻，让商业和休闲功能紧密结合起来。

（2）挖掘地域本土特色、重现历史景点，保持景观特殊性。

泸州"东门口"是泸州人耳熟能详的地名，这里曾经是泸州古城的东大门所在地，也是热闹繁华的商业地段。在设计中根据馆藏史料恢复泸州"东大门"。市民可以登上城楼登高望远，也可通过城楼下行至亲水平台进行游玩。

充分挖掘当地的酒文化、川江号子、油纸伞、川剧脸谱等具有当地特色的文化，全面渗透到滨江路的各个角落，并结合打麻将、喝茶、童子打酒等情景雕塑，展现地方生活风情。

（3）在保持原有绿化量不变的情况下，通过景观手法重塑原有空间，保持景观生态性。

充分考察场地内原有植物及景观，在最大限度保护原生植物的基础上，增加植物群落的色彩变化和群落的生态稳定性。

保持场地内原有绿地不变，通过景观手法扩大空间视觉体验。

根据现场植被情况设置休憩步道和景观建筑，在满足功能的同时兼顾景观生态性。

（4）设置沿江骑行线路，并因地制宜设置休闲平台。

利用防洪堤平台设计沿江骑行漫步道，如一条"红飘带"贯穿整个滨江沿岸，既可以观赏秀美风光，又开辟了一条市民健身锻炼的通道。

在沿江观赏线路上结合现有树木，合理设计休闲平台，丰富空间变化的同时又为市民提供了歇脚纳凉的好去处。

本项目设计方案荣获"中国风景园林学会第三届优秀风景园林规划设计二等奖""2015年浙江省'优秀园林设计'一等奖""2015年度杭州市建设工程西湖杯奖（优秀勘察设计）二等奖"。

8.1.2 滨江路改造工程（国窖长江大桥至长江现代城段）二期

1. 项目背景与概况

本项目位于泸州市政府东侧，滨江路四段（国窖长江大桥至长江现代城）。项目面积 8.5 万 m^2。

滨江路一度由于管理不善，被大量鱼馆、游乐设施占据。2012 年泸州市遭受五十年一遇特大洪灾，基地内市政设施及景观环境受到极大破坏。同年泸州市政府出台了"两江四岸"整治规划，滨江路是最重要的一环。

2．问题与分析

（1）原有功能区规划不完善，活动空间分割零碎，私家车违章乱停现象突出。

（2）沿岸市政设施被洪水破坏严重，安全性和使用率较低。

（3）园林空间单一，缺失泸州本土文化特色。

（4）景区后期维护缺失，景观品质较低。

3．设计理念

以泸州传统文化为脉络，引入传统园林的造园手法，筑就大气的临江景观，提升历史文化名城的城市形象。

4．技术、创新要点

（1）充分挖掘泸州的城市文化与历史底蕴，营造个性鲜明的酒城景观。

场地内分诗酒、民俗、山水三个主题。

诗酒段靠近国窖大桥，提取泸州最有名的"酒"为元素，是一条充分体现泸酒文化的长廊。在这条长廊里，各式各样的雕塑，都在诉说着泸酒的渊源。如今，游人在滨江路游玩赏景，身临其境感受浓浓"酒味"的同时，也会对酒城源远流长的泸酒文化底蕴和独有的酒文化特色，发出由衷的赞叹。

民俗段以情景雕塑的形式，生动地展现了泸州人民下棋、打麻将、抬轿等生活中的点点滴滴，引起游客的共鸣，与游客更好地互动，体现泸州宜居城市的特色。

山水段以文化长廊、地雕小品等景观手法来表现泸州的"山、水、城"文化，结合泸州的历史彰显更多的文化气息，让市民在休闲运动中加强对泸州的归属感、荣誉感。

（2）因地制宜，恢复区块自身的污水净化和雨洪调节能力。

项目清理洪水淤泥用于景观覆土，利用长江、沱江沿岸的滩涂作为湿地生态系统的载体，建设挺水、浮水和沉水植物群落，营造出"江滩连水水连天"的独特景观。并根据长江不同时期水位，因地制宜设计多层梯形活动空间。充分考虑场地生态性和实用性的需求。一举解决了防洪功能、景观功能、停车功能和市民活动功能。

（3）尊重场地，保护原有植被，创造延续场地记忆的新景观。

尽可能最小限度地破坏原有场地历史文脉的完整性，使新建场地能更好地融入现代文化生活。充分考察场地内原有植物和景观设施，恢复或原地改造遗存的建筑和构筑物。最大限度地保护原生植物以保持生态群落的稳定性，并适当增加植物群落以丰富景区的色彩变化。

地域性园林景观的传承与创新

5．社会、经济、环境效益分析

滨江路打造成为展现酒城文化形象的窗口和市民生态休闲活动长廊，让滨江的诗情画意成为老百姓休闲娱乐的最好去处。开放后得到了市委领导、专家及市民的广泛好评，成为泸州的一张生态宜居新名片。

本项目设计方案荣获"2016年度浙江省建设工程钱江杯奖（优秀勘察设计）二等奖""2016年度杭州市建设工程西湖杯奖（优秀勘察设计）二等奖"。

8.2　工程实景

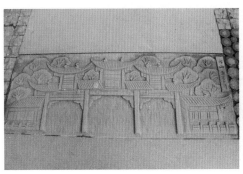

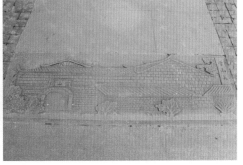

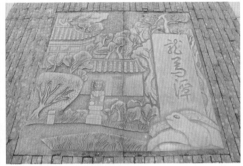

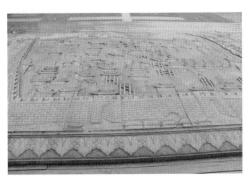

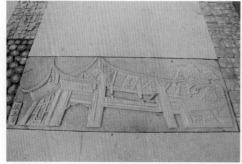

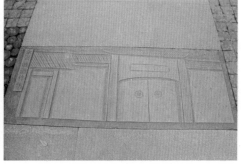

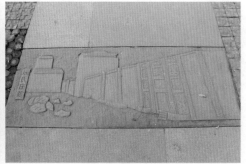

8.3 媒体报道

8.3.1 中国园林大师李寿仁：泸州滨江路景观赶超杭州西湖[1]

李寿仁先生

李寿仁，杭州市园林绿化股份有限公司常务副总经理，浙江省花卉协会专家委员会委员，浙江大学风景园林硕士生导师，从事园林业 30 余年成为行业翘楚，获得了骄人的成绩。他主持建设的园林作品斩获第五、六、七届中国花卉博览会金奖，2013 年更荣获第八届中国花卉博览会设计布置类特等奖。

这位堪称中国园林大师级的人物，正是泸州忠山公园品质提升改造工程设计师、"两江四岸"规划改造建设工程的园林顾问，同时担任着古蔺县城和合江县

1 来源：酒城新报，发表时间：2014 年 03 月 03 日。

城环境改造的技术咨询专家职责。近日，新报记者有幸在风景毓秀的忠山公园独家专访到与泸州结下不解情缘的李寿仁先生。

初见风尘仆仆的李寿仁，亲切和善，笑容让人如沐春风，灼灼的目光中透露着博学多识和商人的精明，幽默的言谈更使人体会到大师的睿智和为人师者的儒雅风范。

1. 换位思考 我若是泸州人

久负盛名的李寿仁并不愿多谈过去的成绩，而是向记者细致全面地诠释让他牵肠挂肚，最终效果超出预想的泸州"两江四岸"滨江路改造工程。"我把自己当作泸州人，换位思考若我是泸州市民，我最想向客人展示怎样的泸州。"

"如今相当多城市在飞速发展中乱了节奏，快餐文化中千篇一律灰蒙蒙的瓷砖，让人感到冷冰。"李寿仁感慨道，长沱两江交汇的泸州，拥有依山傍水的得天独厚优势，应该占有江南园林的一席之地。

李寿仁说，最不忍看着泸州的特色被湮没，就想通过园林景观的打造，为城市着上多彩、有层次的暖色调，体现温暖的关怀，为泸州人民打造出一张能感到自豪的形象名片。"我若是泸州人，我的'客厅'如果干净漂亮大气，我会感到倍有面子，更乐于向客人展示家乡的美，这就是家乡人的自豪感。"幽默风趣的他甚至将园林工作者比喻为"城市的大保姆"。"做保姆的嘛，就是要竭尽全力为主人（市民）效劳，把家里打理得干净漂亮，主人自然住得舒心。"

2. 文化大气 低调奢华有气质

自2012年"7·23"洪水过后，原有滨江路遭受严重毁损，脏乱差面貌与泸州整个城市实力不断增强的形象极不协调。"这也就是滨江路改造的契机，泸州市委、市政府领导相当重视，下定决心要把滨江路建设搞到位，让市民实实在在感受到惠民工程，更加认可、热爱家乡。"

为了让市民更好地理解他的园林设计概念，李寿仁首先阐述何为服务于人的园林。现代园林需为人提供活动空间，是身临其境的体验式观赏，而不是"可远观而不可亵玩"的距离感，更不是过去落后地认为"绿化即为园林"。基于这种颠覆传统的园林概念，李教授结合泸州本土特色，提出了滨江路改造的八字原则：经济、实用、美观、生态，同时定下"文化大气，低调奢华"的设计基调。

低调而有气质，即作品要低调有内涵，一如为人的作风。最大限度地利用好原有的构架，创新地利用现有东西，因地就势地改造出有气质的园林景观，这是对李寿仁团队的考验。"做精品园林犹如下棋，这里的景观、植物、建筑，就算是垃圾桶、厕所，也要体现气质的美感，协调而统一，我们做到了。"

但奢华不代表铺张浪费，而是真材实料，经得起时间考验的工艺。这是把园林作为毕生事业来追求的李寿仁坚持的信念，也是他游历欧美多国、参观众多世界著名工程所得感悟。"一个经典的作品必须能在市民中竖起口碑，与其少花钱粗制滥造，做出一个'鸡肋'，倒不如从长远的角度打算，做出几十年耐用而且不落伍的精品。"他举例介绍，示范段——馆驿嘴广场上，恰如其分安排的星级厕所，整石打造的花台，选用正宗东南亚红柳桉树做木料的长廊亭台，用泰顺青石手工凿刻的清代城池地雕、白酒图……这些细节的"奢华"，唯有时间能检验真金。

3．旋律节奏 滨江路犹如一首歌

不少泸州人说，以前行走在滨江路感觉很长，走几步累了也没地方上厕所、休息，路边摊、游乐场杂乱无章，实在没什么好玩的。李寿仁指出："成功的城市景观定要有风格、色系，就像音乐一样高低起伏，有旋律有节奏，能让人感觉到氛围气场，乐游其中而不知倦。"

这一设计理念恰恰契合李寿仁的老师——中国风景园林泰斗孙筱祥教授为华中农业大学所题词的精髓："园林造景当以造化为师，鸟啼花香，峰回路迷，令望之者忘餐、行之者忘倦、游之者忘归、趋之者忘老，方成大作，便可临九霄摘星揽月，惊天动地者也。"

李寿仁心中有一幅完整的滨江路组图，他整观滨江路，馆驿嘴广场、东门口城楼、犹如飞机场的停车坪、单碗广场……一个个景点犹如珍珠一般串联在一起，互为景色，相互交融，连成"滨江路之歌"的重音节；而其中一个个精品景点，例如全铜打造的"麻将三缺一"雕塑、富含酒文化的1573瀑布、单碗广场中形态各异的雕塑、小叶榕树林、独具匠心的亭廊、精心挑选镌刻的诗词歌赋……则是这首歌中一个个跳跃的动人音符，融合成为一首有节点、有节奏，风格鲜明的优美旋律。

"整个滨江路新景气势超凡脱俗。"李寿仁先生甚至打趣地笑说，如果说她是风韵犹存的半老徐娘，耐看有味道，这就是对滨江路园林的最好赞誉。他透露，现泸州地区的风景园林已经成为四周友邻城市争相学习的典型，走在了西南地区的前列；从植被配置、选材用料品质方面来说，已赶超其蓝本——杭州西湖。

4．不辱使命 园林风景色香味俱全

李寿仁诚恳坦言："实际上，就像忠山公园一样，文化的滨江路工程未来还有不断提升的空间，其中，国窖大桥未能安装观光电梯方便游玩者上下桥，也算是我目前一个小小的遗憾，不过相信在不久的将来能有机会完善它。"

看到如今基本完工、已向市民开放的"两江四岸"改造工程实景效果，李寿仁欣喜地表示："目前得到的效果已经远远超出我们预想，这是不可复制的滨江路，承载着泸州历史文化、酒文化和风土人情。"在得知"千名小画家写生滨江路"活动即将开始，李寿仁欣喜地表示："希望写生的小画家们能将'她'存于心中如宝贝一般珍爱，把馆驿嘴广场、东门口城楼、'飞机跑道'停车场这些景点描绘在他们的画纸上，映在他们小小的童心中，充分领略滨江路新景的美好。"

"我们园林工作者作为市民的'大保姆'，打造风景园林犹如炒菜，作料配齐了还不够，把握火候才见真功夫。当然，当我们终于把精美的美味佳肴呈上、把这个家安排得井井有条、舒服美观而接地气，得到泸州市民的称赞，特别是外地回家泸州人的连连惊叹，我们才可以说不辱使命。"

8.3.2 一条不可复制的滨江路[1]

从沱一桥到长江现代城，5.1km 的滨江路惊艳亮相。春节期间，"新鲜出炉"的升级版滨江路，受到了本地市民、远归游子、四方宾朋的一致点赞，一时间滨江路成为泸州百姓最热门的话题。

东门口，一个流淌着古韵的城楼呈现在人们眼前，成为这里当仁不让的新地标。沿着东门口向右延伸，三圣雕塑、单碗广场、1573 大瀑布……一个个新景观让人目不暇接，让人领略了一场酒文化盛宴。古韵、酒韵、泸韵，这些极富本土气息的元素，成就了一条不可复制的泸州滨江路。而特有的泸州文化历史的融入，又让这条不可复制滨江路更具说服力。

一条不可复制的高品质滨江路呈现在人们眼前，不仅配套设施一应俱全，服务功能也十分完善。面对崭新的滨江路，原有的管理模式面对挑战。这时，泸州及时提出了参照 5A 级景区标准管理的高标准管理要求，为滨江路的管理指明了方向。

1. 升级滨江路，造福泸州人

"这是东门口吗，完全认不出来了。""滨江路的确变漂亮了。"走在滨江路上，这样的惊叹不绝于耳。发自内心的声声赞叹，感染着周围的人，传递着幸福的喜悦。这些发自内心的感叹，源于滨江路升级改造带来的点点滴滴变化。

---

1 来源：泸州新闻网 - 泸州晚报《博周刊》，作者：许亚琴，发表时间：2014 年 2 月 24 日。

环境升级，改变老百姓生活。漫步东门口广场，精致的牌坊、雄伟的城楼、悠悠的古韵，让人沉醉其中。而就在一年前，这里还是一片烧烤摊，烟熏火燎，让人睁不开眼，垃圾乱扔，让人一刻不想停留。随着东门口的整治，占道经营被取缔了，垃圾库搬走了，卫生整洁了，周边市民有了一个舒心的生活环境。而在东门城楼恢复重建后开门迎客的那一天，泸州市民发现，这里已经变得让人认不出来了。一个全新的东门形象、崭新的滨江环境，悄悄改变着泸州人的生活。

景观升级，老百姓生活更幸福。"快点快点，我们就在这里合影。"城楼前、雕塑旁，一家人在这里合影留念。春节期间，艳阳高照，刚刚开放的滨江路喜迎八方宾朋，点赞声不断。泸州市民争相带着归来的游子，携着远方的宾朋，领着熟悉的亲人来到滨江路，一睹风采。"这是纤夫，张着嘴那个是在喊号子。"70多岁的吴奶奶领着孙女逛滨江路，顺便讲述起纤夫的故事。"那么船在哪儿呢？"天真的孙女不解地问奶奶，"后边那个大酒缸里不就是船吗？"吴奶奶指了指"酒远"雕塑。滨江路的新景观，带给市民的不仅是一些新谈资，更是一种开门见景的幸福。

功能升级，方便老百姓生活。如今，不管是逛滨江路，还是逛水井沟，再也不用担心停车的问题，这是有车族罗女士今年春节最开心的一件事。随着滨江路两个停车场投用，不仅解决了游览滨江路的市民的停车问题，也给周边市民停车提供了方便，缓解了泸州城区沿滨江路一带停车难的问题。升级改造后的滨江路，功能上也大大提升。除了停车场的投用外，每隔 500m 一个的园林式公厕，直饮水设施，慢行交通系统，体育健身设施等，也给市民带来了莫大的方便。

升级改造后的滨江路，好评如潮。浙江绍兴人王伟东这样评价滨江路："这几年泸州变化非常大，滨江路成为护佑江水的绿堤，泸州文化贯穿其中，精致不输江南。"

在成都工作的泸州人宁天敏的记忆中，东门口有很多摆地摊的，卫生状况也差。今年春节回来，发现东门口已经焕然一新，像飞机场一样霸气的停车场，从未见过，还有澄溪口的 1573 瀑布，真是太美啦。

从沱一桥到长江现代城，5.1km 的滨江路已经惊艳亮相，但这仅仅是我市建设打造"两江四岸"的起点。记者从市住建局获悉，今年（2014），我市滨江路的升级改造还将继续，让人期待的美景还将向前延伸。

江阳区滨江路，只是我市"两江四岸"建设的一个缩影。此外，沱江滨江路、东岩公园、沱三桥沿江景观带、张坝滨江路、蓝田滨江路……正在如火如荼建设中。我市"两江四岸"建设已经全面开花,相信在不久的将来,"两江四岸"将会完美呈现在市民眼前。届时,"两江四岸"的新名片,将为泸州市民增添幸福感,成为泸州市民最引以为傲的景观。

2. 独特滨江路 不可复制的本土味

行走在滨江路上,不由自主会想起诗人白居易《琵琶行》中的诗句:"大珠小珠落玉盘"。如果把东门口、酒元素比作泸州滨江路上闪耀的大珠,那么"酒""城"地雕、纤夫、油纸伞雕塑群等就是一颗颗闪亮的小珠,竞相掉落在滨江路这只玉盘上,熠熠生辉。

无论大珠还是小珠,无一例外地烙上了泸州"本土元素"的烙印。放眼全国,临江城市不胜枚举,同质同款的滨江路也何其多,但泸州改造一新的滨江路,由于这些"本土元素"的融入,成为一条国内唯一、不可复制的独特滨江路。

(1)东门城楼 带你穿越记忆之门。

一轮圆月悬挂在夜幕中,夜色下的东门城楼灯火璀璨。穿过东门口牌坊,这如画般的夜景冲击着人们的视觉,仿佛一下子把观景之人拉回到久远的年代,开启了人们对泸州历史的记忆之门。

1)城楼为何未按原貌建造?

如今在东门口,你能品味快和慢两种截然不同的生活节奏。牌坊以外,是泸州最繁华的街道,演绎着现代人的快节奏生活。穿过牌坊,踏进围合的广场,一份静谧油然而生,让你放慢节奏,细细品味这里的古韵。

据了解,高大雄伟的东门城楼,是参照与周边现代建筑相匹配的比例来设计建造的,而不是按照古东门原貌依样建造的。"东门"二字下,是一扇弧形的门洞,这是水门,有通水之意。穿过狭小的门洞,眼前是一片豁然开朗的水域,脚下是奔涌不息的长江。

拾阶而上,登上东门城楼,楼上是两层全木结构的仿古建筑,精湛的木雕工艺令人叫绝。踏着木楼梯,更上一层楼,就来到城楼的最高处。推开窗棂,从这里可以俯瞰滨江路,眺望长江景。站在高耸的木楼上,可以呈45度角俯视不远处的国窖大桥,因此,东门城楼也成为滨江路上最佳的新观景平台之一。

2)仿古建筑出自何人之手?

东门口广场上的仿古建筑,乃是一绝。不管是城楼上的木阁楼,还是广场前的牌坊、凉亭,工艺细腻、精湛,特别是古建筑上的木雕,栩栩如生,巧夺天工。"东门仿古建筑,出自苏州'香山帮'工匠之手。"中国园林大师、我市"两江四岸"园林顾问、滨江路设计者李寿仁先生，为记者揭开了东门仿古建筑之谜。

"手艺精绝，作品大气。"李寿仁这样评价香山帮匠人的手艺。他告诉记者，东门城楼，是滨江路上最重要的景观节点，作品出来一定要厚重，有质感。因此，在建设东门口时，请来了擅长古建筑建造并闻名业界的"香山帮"。"经数月精雕细琢，悉心打造，才让市民看到了今天东门口古建筑的质朴、厚重、精湛。"

除了精湛的技艺，令人叫绝的东门木雕还跟其用料有关。李寿仁告诉记者，东门口广场上这些古建筑的木雕，使用的是名叫菠萝格的木材。这种木材原产马来西亚、印度尼西亚等地，格具有特殊光泽，间杂黄金线，色泽庄重耐看。

3）历史上的东门是什么样？

古泸州有九道门，为何重建东门，需叩问历史。《泸州地名史话》中记载：泸州，据史载，始建于公元前151年。东汉建安十八年（213）置江阳郡，而城郭始于北宋皇祐二年（1050），在原篱寨基础上用木栅而围。后经不断扩建和重修，泸州城郭形成了城门九道：通海门（东门）、通津门、临江门（会津门）、来远门（南门）、敷政门（凝光门）、保障门（西门）、汲水门（小西门）、朝天门（大北门）、济川门（小北门）。

历史上的东门，是古泸州最大的码头，万商云集，繁华之地。据泸州地方文学史专家陈鑫明介绍，东门即通海门，是古代泸州的一个重要城门。以前，生意人要在东门验货、交税，才能过关上下船。官员来泸，也要在东门入城。这里不仅是商贸码头、官船码头，也是老百姓的渡口。民国十一年（1922），扩建市街马路（今新马路）时，东门被拆除。

南宋诗人陆游曾在《泸州乱》中发出"此州雄跨西南边"的感慨，陈鑫明指出，这一诗句正是当时泸州壮甲两蜀的真实写照。清朝晚期，东门口设立"川南第一州"的牌坊，由张之洞题写的这块牌坊，与陆游的诗句有着异曲同工之妙。目前，东门口恢复重建的牌坊，也向人们诉说了这样一段泸州历史。而尚未书写的牌坊留白处，陈鑫明建议重书"川南第一州"，再现古泸州的雄风，也能让人们更了解古泸州这段繁荣昌盛的历史。

"现在的东门城楼，就在古泸州东门的位置，基本上是原址重建。"陈鑫明说，恢复重建的东门城楼，比原古城楼更高大、更壮观。东门城楼的重建，是文化的复兴，也对历史文化名城的传承有着重要的意义。

（2）酒韵飘香 带你品味泸酒文化。

在中国酒城泸州，酒，无疑是一个当仁不让的主题。春节前刚刚打造完毕并开放的一段滨江路上，一组组雕塑向人们诉说着泸酒渊源，展示着泸州人酿制、销售、饮酒、戏酒的全过程。滨江路上飘出的独特泸州酒韵，让游览者心醉。

1）白酒三圣：诉说泸酒渊源。

滨江路原澄溪口佳乐广场上，如今树立着一尊"中国白酒三圣"的雕塑。三位身着不同朝代衣服的人并肩站立，默默向游览者讲述泸酒渊源。

"三圣"同为泸州人，分别是"制曲之父"郭怀玉，"浓香鼻祖"舒承宗，捧回万国博览会金奖的温筱泉。三人与泸州酒有着不解的渊源：元代泸州人郭怀玉发明大曲药、甘醇曲，被誉为中国白酒"制曲之父"。明代泸州人舒承宗始创泥窖固态发酵之法，开浓香型大曲酒酿制先河，誉为"浓香鼻祖"。1915 年，泸州人温筱泉酿制的泸州老窖大曲酒，在巴拿马万国博览会上获金奖，成为将中国白酒推向世界的第一人。

2）泸酒两朵"金花"：簇拥巨型"单碗"。

目前滨江路最大的广场——9000m² 的单碗广场上，树立着一个巨型的"单碗"。这座石雕塑，高 6m，直径 12m，"酒味"十足。"单碗"的三根弧形柱，又像三个人合围在一起，让人品出喝"单碗"之意。

"单碗"两侧，分立着两座抽象铜雕塑。雕塑上醒目的"泸州老窖"和"郎"字样，让市民立刻心领神会：这是泸酒的两朵金花。

3）泸人嗜酒图：传递酒城人对酒的眷恋。

"喝酒像喝汤"，《醉美泸州》中的这一句歌词，虽有夸张，但却传递出泸州人对酒的眷恋。而滨江路上的一组"泸人嗜酒图"的雕塑，更是表现了泸州人喜爱饮酒的一面。雕塑中，8 个与现代人身形、比例相同的铜塑壮汉，或两人一组，或单人独饮，展现了泸州人猜拳、畅饮、醉酒等多种形态，是喝酒人各种喝酒状态的逼真写照。

而这组雕塑独特之处还在于，雕塑中的 8 位不同壮汉，均选取在泸州的真人面相作为原型塑造而成。

4）1573 大瀑布：主题契合国窖 1573。

滨江路 1573 大瀑布，无疑与泸州酒有关。长度为 157.3m 的人工瀑布，因数字与 1573 契合，由此得名。而 157.3m 的长度，在国内也少见。而瀑布前摆放了 4 组共 16 个铜酒坛，也分别按照 1、5、7、3 的数量分组排列，暗含 1573 的寓意，与水景观主题相契合。瀑布开启时，涌泉从铜酒坛中喷涌而出，蕴含泸酒源源不断之意。

喷涌时的 1573 大瀑布，呈现出一幅妙曼的山水画卷。而布局在水景观中的无数"大石头"，则让这幅山水画卷增色不少。这些"大石头"最重的 13 吨，轻的也有几吨。据了解，它们可不是普通的石头，而是用于观赏的蜡石。经水冲刷后，蒙上灰尘的石头会露出本来面目，表面呈现蜡油状釉彩，光泽可鉴。

（3）泸韵缩影 带你领略浓郁风情。

"酒""城"地雕、纤夫、油纸伞……像这样具有浓郁地方特色的泸州本土元素在滨江路中不胜枚举。你一路行走下来，才发现滨江路就是泸州本土元素的一个缩影。

1）"酒""城"地雕：契合泸州"酒城"主题。

在馆驿嘴广场两江汇合处的观景平台上，有两块大型的青石地雕，一块是由楷书、行书、隶书、草书、篆书、金文等书法和字体形式构成的百酒图，这幅图再现了泸州悠久而丰富的酒文化历史，是泸州酒文化的代表；一块是清代泸州城池图。百酒图代表"酒"，古城图代表"城"，恰好契合了"酒城"的主题。

2）纤夫雕塑：再现滨江古码头。

6 名身强力壮的纤夫，身背纤绳，口里喊着号子，展现了滨江古码头上曾经生活过的纤夫的工作场景。雕塑虚实结合，让人们在这里看到了生动的历史。

3）二十三把油纸伞：投射出川剧脸谱倒影。

油纸伞雕塑，以国家非物质文化遗产——泸州分水油纸伞为原型，结合了川剧脸谱设计而成。不同的颜色、错落别致的 23 把有着镂空川剧脸谱图案的钢结构"油纸伞"，在光线的照射下，在地面投射出不同的脸谱倒影。

3．人文滨江路 清晰可见的泸州记忆

泸州老八景中，"两江四岸"占了四席。泸州地方文学史专家陈鑫明认为，我市打造"两江四岸"，就是比较完好地保留了历史遗迹，让人们可以在这里感受历史的久远，重温文化的厚重。

我市"两江四岸"建设中，正在打造并已规模呈现的江阳区滨江路，虽然新景让人目不暇接，但仍留下了一串串清晰可见的泸州记忆。

（1）可以触摸的历史，老滨江路气息尚存。

滨江路的提升打造，并不是对过去的彻底颠覆，而是有所保留。在这里，你不仅能够触摸到滨江路上厚重的人文历史，也能触摸到老滨江路尚存的气息。

夕阳下，站在馆驿嘴，眺望两江，金色的阳光洒在波光粼粼的江面上，让人一时忘了时空，仿佛置身"余甘晚渡"的美景之中。老八景之一的"余甘晚渡"

景观，位于长沱两江汇合处，即现在的馆驿嘴，给后人留下无数美好的遐想。

走进单碗广场，巨型"单碗"雕塑的河对岸，岩壁上"还我河山"几个遒劲豪迈的镌刻大字格外醒目，而"还我河山"的身后，就是"东岩夜月"景观所在之处。据说，月夜在此登岩鸟瞰，江中倒映东岩与夜月，呈现双月载沉载浮，别有风致。

除了有关滨江路的人文历史，在新滨江路上还能找到老滨江路的痕迹。

在沱一桥至馆驿嘴的滨江路上，保留了老滨江路上泸江古航的雕塑。据有关资料记载，泸州自古航运发达，早在明代中叶已成为全国 33 个重要商贸城市之一，繁华盛极其中，水运居功甚伟。泸江古航雕塑，正印证了这样一段历史。

东门口往澄溪口方向的滨江路堤上，有一座凉亭，平日里，很多老年人喜欢在这里聚集，休闲聊天，好不惬意。虽然"穿"上了大红色的外衣，做了一些改变，但老泸州人仍能认出，这是老滨江路上保留下来的凉亭。滨江路设计师李寿仁告诉记者，原来的凉亭要从梯步走上去，布局显得局促，就像一个大鸟笼放在滨江路上一样。设计时，将这一凉亭进行了外部空间的延展，让凉亭跟滨江路融合为一体，人们看上去会感觉更舒适。

探访滨江路时，细心的泸州人会发现，新滨江路上不仅保留了老滨江路的一些雕塑、凉亭、廊架、石阶，还特意保护和保留了滨江路上的大树和植被。滨江路堤上车行道两侧，多年生长起来的树木，浓密的树冠形成了滨江路上的"华盖"，阴翳蔽日，为夏日的行人遮挡阳光。在新一轮的改造中，滨江路上的好树、大树被保留了下来。如今漫步滨江路，人们不难看到树冠浓密、单独围设保护起来的大树。这些生长多年的大树，成为滨江路历史变迁的见证。

（2）可以咀嚼的历史，诗酒文化浓墨重彩。

"城下人家水上城，酒楼红处一江明。衔杯却爱泸州好，十指寒香给客橙。"站在滨江路诗酒文化墙前，仿佛能看到身穿长袍的古人捻须吟诵的场景。

诗酒文化，在泸州文化中书写着浓墨重彩的一笔，而滨江路上的诗酒文化，则值得人们慢慢探寻，细细品味。

单碗广场中央，左右两侧分立着一块巨型碑体彩石，分别刻有泸州人新近创作的《酒城赋》与《单碗歌》。《酒城赋》由当代著名辞赋家何开四所撰，将泸州酒与泸州历史、文化熔于一炉，展现了泸州酒历史的源远流长。全赋气势磅礴，大气恢宏。《单碗歌》，以当代泸州文化名人谢守清为首的三人创作而成。《单碗歌》以序歌开头，尾歌作结，中间穿插酒令。

在 1573 瀑布的尽头处，是一面诗酒文化墙，墙上雕刻的 14 首古诗词，都是历代名人留下的著名诗篇，有杜甫的《解闷》，朱德的《除夕》，张船山的《泸州》等等脍炙人口的千古绝句。

"少小离家未得归，蹉跎岁月八旬余。梦中常饮家乡酒，期与乡邻共举杯。"著名画家蒋兆和之妻萧琼代为落笔的《乡情》，就书写于诗酒文化墙上，讲述了蒋兆和在离开家乡之时，通过喝家乡酒来怀念家乡亲人，怀念家乡酒，用酒来抒发自己的家乡情结。市诗词学会副会长靳朝济告诉记者，从这些诗句中可以看出，泸州酒对泸州名人的一种"基因"性的影响，泸州酒已经渗透到了泸州人的精神之中。

靳朝济一边解读一边告诉记者，这些诗句或赞美泸州美景，景仰泸州文化，或欣赏泸州人情，沉醉于泸州美酒，或回忆在泸州的美好时光，但都无一例外都与泸州酒有关。这里的每一首诗篇，都可看作是对泸州悠久历史文化的佐证。

（3）可以回味的历史，儿时记忆恍若眼前。

"在新马路跑大的"的老滨江路市民陈先生，对儿时的滨江路有着清晰的记忆。在陈老先生的记忆中，儿时的东门口是川南最大的竹木市场。泸州的竹子从这里运往自贡搭建盐井，木材运往各地用于修建。50 年前，东门口一带是造船基地，这里售卖各种造船工具。

今年 85 岁的吴兴仁老人，住在下巷子的老房子里，平时无事就会去滨江路逛逛。回忆起自己的童年，老人坦言，滨江路承载着自己的太多欢笑。"当时，江边上都是荒的，东门口一带有很多小贩卖竹子，澄溪口一段又是买木材的。"这就是老人记忆中的滨江路。"那时，一到夏天，我就和小伙伴去江里游泳。当时爸妈不让我去，被知道了可是会挨打的。所以我每次游完泳之后，都要等到衣服干了才敢回家，但从来没有被发现过。"老人说完哈哈大笑。回忆到后面，老人的记忆慢慢清晰起来。"现在的小孩子喜欢躲猫猫，当年我们玩得更高级一点，是躲水猫。就是一群小孩在水里面，互相追逐打闹，游来游去的，很有意思。"

同吴兴仁老人对于滨江路的记忆不同，84 岁的孙树清老人对滨江路的记忆更多的是心酸。"那个时候家里面很穷，我每天都要去江边上捡柴火，以补贴家用。当时的江边上很荒，不像现在，像个公园一样。"据孙树清老人回忆，在他小时候，街上是不可以扔垃圾的，所以很多人家都把垃圾倒在江边上。"我们穷人家的孩子，就去垃圾里面捡一些还可以用的炭。"

谈起夏天有没有到江里去游泳，孙树清老人有些后悔，"我小时候家里管得严，不准小孩去江里游泳，我就真不敢去，怕挨打。每次看到别的小孩游泳我都很羡慕，现在想想，当时就应该去的，太老实了。"

（4）专家点评 两江四岸，尚未开发的旅游金矿。

"48km 的长江岸线，14.8km 的沱江岸线，泸州的'两江四岸'，蕴含着极其丰富的旅游资源，是一座尚未开发的旅游金矿。"泸州地方文学史专家陈鑫明这样评价"两江四岸"。

陈鑫明认为，长江旅游黄金宝地，就在"两江四岸"，这里是一座尚未开发的旅游金矿。长江岸线旅游资源丰富，一个景点就有一个生动的故事，每个故事都能唤起人们的历史记忆。

泸州打造"两江四岸"，给市民留下了什么，给这座城市留下了什么？陈鑫明认为，"两江四岸"的建设，为泸州的卫生城市、历史文化名城、旅游城市等名片增色、加分，尤其是对历史文化名城的传承，对文化的复兴，有着重要的意义。

陈鑫明认为，余甘晚渡，东门城楼……这些泸州历史上的重要景观、重要节点，都能在新建的滨江路上找到注解。滨江路上的小雕塑，再现了历史文化名城千百年来的记忆，单碗诉说着酒文化，纤夫则传递出码头文化的精髓。滨江路上一些石刻诗文、字画，则引领人们进入美好的回忆，让更多的年轻人看到泸州的历史。

"滨江路历史文化遗产密集，有着特殊的历史遗产价值，应该申请城市文化遗产保护。"采访时，陈鑫明发出让滨江路申请保护的呐喊，他说只有将滨江路申请列入城市文化遗产，才能得到更好的保护和传承。

4. 人性滨江路"五星级"的管理服务

春节期间，改造亮相的滨江路，得到了市民和游客的一致认可，不少回乡游子为滨江路点赞。

面对这样一条无可复制的崭新滨江路，什么样的管理模式才"配得上"？没有现成的模式可以借鉴，管理部门展开了新的探索。未来，我市将参照 5A 级景区标准，为泸州滨江路量身打造一个适合的管理模式。

（1）"五星级"服务：气派、高端、实用。

要说新滨江路是"五星级"的服务，一点也不夸张。

1）停车场：千余车位等你来泊。

目前，从沱一桥至长江现代城，长约 5.1km 的滨江路上，设计了一大一小两个停车场，共计千余车位。春节前，两个停车场均已免费向市民开放。其中，东门口滨江路停车场面积约 30000m²，有 852 个停车位可供市民停放车辆。停车场施划的停车位有大和小两种规格，其中以小车位居多，有 822 个，每个长 5.5m、宽 2.5m；大车位则利用不规则的地势进行了施划，共有 30 个，具体规格不一。目前，该停车场只有一个出入口，位于市府路连接滨江路的通道尽头。春节期间，该停车场使用率颇高，几乎天天爆满。

另外一个滨江路停车场，位于原火柴厂附近，有 200 多个停车位，是一个生态智能化的停车场，同样免费向市民开放。这个停车场内的车位，用栽种的树木进行了自然隔离，而这些树木在夏季将为停放的车辆遮阳降温。

2）天然沙场：儿童玩耍的天堂。

长沱两江，天然的沙场是孩子们的天堂。改造后的滨江路上，不仅有天然沙场，还有室内沙场。此外，为了让市民亲水、戏水，滨江路堤外还专门打造了自然滩涂，成为孩子们捡拾鹅卵石，亲水戏水的好去处。

近 200m² 的室内沙场，位于单碗广场附近，春节前已经向市民开放。这是一个开放式的室内沙场，利用滨江路堤上、堤下两层平台之间的空间依势而建。就算是下雨的时候，孩子们也可以在里边玩耍。室内除了沙池外，还有滑梯等少量孩子游乐设施。而馆驿嘴天然沙场，一到周末就会热闹起来。孩子们或结伴而行，或独自前往，只要不下雨，总是能看到拿着玩具在这里耍沙的小朋友。

长江现代城段滨江路堤下的自然滩涂，则突出了滨江路亲水、戏水的特质。滩涂上，经常能看到小孩在这里捡拾鹅卵石，在大人的照看下亲水玩耍。

3）园林式公厕：平均间隔 500m 一个。

已完成改造的 5.1km 长的滨江路上，分布着 7 个园林式星级公厕，平均间隔 500m 就有一个公厕，大大方便了市民。

改造后的滨江路，固定公厕从原来的 2 个，增加至 7 个，除了馆驿嘴、原耳城广场公厕为重新装修外，另外 5 个全部为新建。新建和重装的 7 个滨江路公厕，采用统一的园林式装修风格，每个公厕均配备空调、感应水龙头等设施设备。公厕外观上，保持了与周边景观一致的风格，与滨江路风景融为一体。另外，公厕还实行了免费管理，提供 24 小时服务。

4）免费健身场所：天然氧吧中健身。

"走，打球去。"家住长江现代城的杨女士最近爱上了打坝坝球。在新开放的长江现代城段滨江路上，新布置的体育健身路径、乒乓球台、塑胶羽毛球场等，为广大市民提供了一个免费的健身场所。

据了解，除了长江现代城段滨江路上集中布置了一些健身器材、健身设施外，馆驿嘴至东门口段滨江路上也设置了部分体育健身路径，方便了滨江路游玩市民或附近的市民锻炼身体。另外，滨江路上还建设有慢行交通系统，市民可以在这里步行或骑行，也是一种很好的锻炼方式。其中，步行交通系统贯穿整条滨江路，自行车交通系统在新建滨江路的部分路段能看到。

（2）"五星级"管理：标准、有序、到位。

那么，升级改造后的滨江路，将怎么管理呢？

1）管理秩序，正在悄然发生变化。

升级改造后的滨江路，发生了翻天覆地的变化，景观提升了，档次提高了。滨江路的管理秩序也在悄然变化：规范经营的多了，占道摆摊的少了，散步的多了，遛狗的少了，锻炼的多了，噪声小了……而改造前，滨江路的种种乱象却为广大市民所诟病：由于当时带宠物进入滨江路的市民特别多，滨江路上经常能看到或踩到狗粪。当时一些茶摊店铺不断扩张占道范围，甚至把坝坝茶摆到了滨江路的车行道上……

滨江路馆驿嘴示范段改造开放以来，来到滨江路的市民发现，新滨江路的管理有些不一样：馆驿嘴重新开放后，广场上设置了一个城管宣传咨询台，每天都有执法人员向市民宣传城市管理各项规定，并维持广场上的秩序。而不远处的堤下广场上，人们经常看到城管执法人员在这里"练兵"。

示范段醒目地摆放着宠物禁止进入的提示牌，经常有戴着红袖章的志愿者，劝导带着宠物的市民离开。随着滨江路各个路口进行封锁式的管理，滨江路上飙车的现象杜绝，车辆再难以驶入严格管理的滨江路。

以前的滨江路河滩，万人同喝坝坝茶。改造后的滨江路，则设置了规范的露天饮茶区，在满足市民对坝坝茶怀念之情的同时，管理部门设置了花箱隔离带，统一了桌凳、遮阳伞，提升了滨江路茶摊的档次。

2）未来管理，探索"四合一"模式。

管理精细化，服务人性化。滨江路改造后，各个管理部门都在绞尽脑汁地提升管理、提高服务，管理效果有目共睹。但细心的市民发现，滨江路改造前后，滨江路的管理模式却没有发生太大的改变。有执法队员坦言，虽然每天都有执法人员在滨江路来回巡逻，但面对管理权限以外的执法主体时，有时会出现管理盲区。现有的管理格局、管理水平，与今日的滨江路显然还有差距。

高品质的滨江路已经呈现在市民面前，那么滨江路管理如何"破题"？江阳区正在进行一系列关于滨江路管理的创新和探索。

目前，以江阳区城管局为主体的滨江路管理模式，很快会发生改变。据江阳区城管局有关负责人介绍，综合执法将成为滨江路的执法新模式。此前，常驻滨江路进行日常管理的执法队伍，只有城管一支队伍。不过很快，还会有交通民警、治安民警、水务工作者三支队伍陆续进驻滨江路，形成以城管为主体的"四合一"管理机制，用综合执法的模式对滨江路进行统一管理。目前，相关事务正在筹备之中。

记者从江阳区城管局了解到，未来，滨江路还将参照 5A 级景区标准，全面提升滨江路管理水平和管理档次。

3）设计师心中的畅想：以星级景区标准，将滨江路打造成管理样板。

"建设了这么漂亮、高品质的滨江路，就应该以星级景区的标准，对滨江路进行特殊的、上档次的管理，把滨江路打造成全市独一无二的管理样板。"李寿仁先生向记者描述了他心目中的滨江路管理模式。

对星级标准的理解，李寿仁为记者列举了一二个细节。保洁人员统一着装，训练有素，对人彬彬有礼。保安人员着礼宾服，列队出行，成为滨江路上的一道风景线。滨江路上的服务者，从穿着、语言，甚至服务的姿势，都要统一、到位，他们的每一个细节都要严格规范。这样的服务和管理，才配得上 5A 级滨江公园。

在滨江路的服务上，李寿仁还有两个建议，一是国窖大桥下可建观光电梯，直达桥上。主干道的市民可以从国窖大桥上搭乘观光电梯，直达滨江路。而由于滨江路沿线公共交通并不十分方便，滨江路上玩累了的市民也可以乘电梯直达桥上，到主干道搭乘公交车离开。

二是，建议在滨江路上开行观光车，服务滨江路上游玩的市民。同时，禁止其他车辆进入滨江路。随着滨江路不断向前延伸，人们感到要步行游玩整个滨江路的所有景点，越来越吃力。如果开行观光车，在滨江路游玩的市民，特别是老人和小孩能够更轻松。

8.3.3 泸州滨江路国窖长江大桥至长江现代城段景观改造工程全新亮相[1]

日前，已经完工的泸州滨江路国窖长江大桥至长江现代城段景观改造工程，以焕然一新的景观风貌呈现在广大市民面前，成为滨江路上的又一胜景。

---

1 来源：杭州园林网，作者：于会莲，发表时间：2014 年 3 月 3 日。

该工程从 2013 年 9 月正式开工建设，由杭州市园林绿化股份有限公司提供技术指导。工程除对 2012 年"7·23"洪灾使滨江路遭受严重损坏的原有景观绿化进行改造恢复外，重点是对滨江路景观实施品质提升，打造具有浓郁酒文化特色的"单碗广场""长江文化""民俗文化"和"全面健身"4 段特色景观带。

1．单碗广场，感受浓郁酒城味道

9000m² 的单碗广场，是滨江路上最大的广场，也是展现诗酒文化的一个重要景点。广场上最引人注目的，是高 6m、直径 12m 的巨型"单碗"雕塑，单碗的两侧，分立着两个抽象的铜雕塑，雕塑上醒目的"泸州老窖"和"郎"字样，传达着泸州两大知名酒品牌；托着"单碗"的三根弧形柱，则像是三个人合围在一起，让人品出喝"单碗"之意。泸州人称喝酒叫"喝单碗"，"单碗"雕塑别出心裁的设计，在传达出浓浓"酒"香的同时，更是对泸州酒文化传统的一种生动再现。"单碗"雕塑两侧的彩石上分别刻有当代著名辞赋家何开四所撰的《酒城赋》和当代泸州最有名的诗人谢守清为首的三人创作而成的《单碗歌》，泸州的酒文化与现代景观结合起来，使游客感受到浓浓的酒城味道。

除了巨型的"单碗"雕塑，生动逼真的泸人嗜酒图、"风过泸州带酒香"的装满酒罐的木质古帆船雕塑、制酒八步法、青铜执壶及碗等别具一格的与酒有关的造型景观，将"醉美泸州"的酒城风韵表达得淋漓尽致。

2．分水油纸伞，展现泸州特色文化

泸州分水油纸伞的制作，有着 400 多年的历史，于 2008 年入选国家级非物质文化遗产名录。滨江路上 23 把巨型"油纸伞"雕塑，就是以分水油纸伞为原型、结合川剧脸谱设计而成的。这些伞雕塑中最高的有 12m、最长的有 15m、最宽的为 6m。考虑到雕塑的生动性，在设计时，"油纸伞"雕塑采用了橙、绿、紫、红等不同颜色，伞把设计使用两种支撑方式。这些巨型伞雕塑高低不等、错落有致，每一把伞上都雕刻有四种不同的镂空川剧脸谱，在光线的照射下，地面上会出现不同的脸谱影子，颇为好看。这样心思巧妙、布局独特的雕塑小品，极富地域特色和文化气息，引来广大市民的交口称赞。

3．1573 瀑布，主题契合泸酒 1573

"1573 瀑布"是一道长 157.3m、最高约 4m 的人工瀑布，长度为国内少见。在瀑布的前方分 4 组安放 16 个酒坛，并按照 1、5、7、3 的数量分组排列，暗含 1573 的寓意，与水景观主题相契合。水景与酒文化巧妙结合，瀑布喷涌时，水汽氤氲间，空气中仿佛飘来了阵阵酒香，中人欲醉。夜幕下，随着各种灯光颜色的不断变化，流动的水景更富动感，红、黄、绿、蓝、紫等不同颜色交替呈现，带来流光溢彩的梦幻感。

以上这些景点只是滨江路上的一些精彩采撷。漫步在滨江路上，走走停停间，会有更多让人眼前一亮的景观元素，记载着泸州这座城市的历史，记录着泸州这座城市的文化，讲述着泸州这座城市的变迁，承载着泸州这座城市的记忆。滨江路的美，美的不仅仅是风景，更是风景中蕴含的厚重的人文历史。细细去品味，也许你会发现更多。

8.3.4 低调的奢华 文化的大气：泸州市滨江路灾后重建景观工程[1]

北纬30°，长江与沱江在此交汇，这个泸州两江风景最美的地方，就是馆驿嘴。十年之前，这处景观曾荣获中国人居环境范例奖。2012年7月23日，无情的洪水使这里成为废墟一片，原有的美景荡然无存。2012年9月，泸州市委、市政府对馆驿嘴主广场及长江滨江路进行灾后重建，即滨江路灾后重建景观提升工程。杭州易大景观设计有限公司负责项目的景观设计，杭州市园林绿化工程有限公司负责项目的宏观咨询和现场的技术指导、管理工作。

经过近半年的不懈努力，如今，这里的景观效果已初见成效，生态自然的园林美景，浓郁厚重的人文气息，使这里再次成为酒城泸州的一处标志性景观，成为广大市民的一处休闲乐园。站在高处的建筑上往下看，新建成的馆驿嘴广场犹如一艘动感十足的航船，迎风破浪，向着江心直行而去；而广场上无数的游人，则如船上的乘客，悠闲惬意地欣赏着江中的美景。

滨江路灾后重建景观提升工程起于滨江路孝顺路口，止于国窖长江大桥，目前已经建成开放的是馆驿嘴至东门口广场段，是泸州市"两江四岸"规划建设的示范性工程。园林大师、杭州市园林绿化工程有限公司常务副总经理李寿仁作为泸州市"两江四岸"规划建设的园林顾问，该项目的景观设计就出自他的创意，通过与他的一番对话，这艘动感十足的航船，更清晰地展现出了它如画的容颜。

"馆驿嘴广场承载着泸州这座城市发展的历史，见证着这座城市的变迁，其深厚的文化内涵，是其他地方无可比拟的，为了更加突出馆驿嘴在酒城泸州中的地位，我们将其设计基调定位为奢华·低调，充分发挥其'城市会客厅'的功能，将其打造成泸州的一张'新名片'。"李寿仁说，"具体实施方法可以用以下八句话来概括：绿量不变，空间增大；设施完善，内容丰富；景观打造，高质提升；文

---

1 来源：中国园林网，作者：于会莲，发表时间：2013年5月6日。

化渗入，生态优先。"简洁、明确的设计定位，赋予了馆驿嘴焕然一新的景观风貌。

1．最大限度保护原生态环境

被洪水淹没过之后的馆驿嘴，有很多的大树、雕塑、廊架等依然很好地保留了下来，在设计中，这些元素被重新加以利用，营造出全新的景观效果。

据李寿仁介绍，保留下来的大树主要有两种处理手法：像天竺桂、黄葛树等几十年的老树，在周围搭建木质平台，既可以保护大树，又可供游人休息；一些香樟、桂花、银杏等，则用森林绿整石围边，搭配草皮、三色堇、球类、日本红枫等植物，采用花境的布置手法，建成一个个面积大小不一的花坛，营造出四时风光各不同的江南园林意境。而平滑、细腻的森林绿整石，既是景观的一部分，又是漂亮的坐凳，兼顾了景观与实用的功能。

原有的絮语、春之曲、夏日等雕塑则主要位于堤上广场，设计中通过对雕塑周边的植物、园路、花坛等进行重新配置，将其置身于一个个全新的小环境中，赋予了他们新的生命意义。

此外，堤上广场上的一些小品廊架、三角梅等也被很好地保留下来。与新增加的闻涛亭、秋月廊、望峰轩等亭台廊榭连成一个个景观节点，形成变化多端的围合空间，营造出移步换景的景观效果。

"在最大限度保护和利用原生态环境的基础上，我们通过把花坛变小、打开空间、增加景观节点等手法，有效改变了原有花坛过大、空间过于狭窄、游人无法进入的弊端。改造后的滨江路，花坛干净清爽，树木葳蕤繁茂，亭台廊架各自成景，视野开阔，空间多变，游人可以随意进出，或闲坐一角，或慢步行走，或健身跳舞，都有足够的空间供他们活动，实现了'绿量不变，空间增大'的设计意图，人工的自然，自然的人工，有机地融合为一体。"李寿仁如是说。

原有的絮语、春之曲、夏日等雕塑则主要位于堤上广场，设计中通过对雕塑周边的植物、园路、花坛等进行重新配置，将其置身于一个个全新的小环境中，赋予了他们新的生命意义。

此外，堤上广场上的一些小品廊架、三角梅等也被很好地保留下来。与新增加的闻涛亭、秋月廊、望峰轩等亭台廊榭连成一个个景观节点，形成变化多端的围合空间，营造出移步换景的景观效果。

"在最大限度保护和利用原生态环境的基础上，我们通过把花坛变小、打开空间、增加景观节点等手法，有效改变了原有花坛过大、空间过于狭窄、游人无法进入的弊端。改造后的滨江路，花坛干净清爽，树木葳蕤繁茂，亭台廊架各自成景，视野开阔，空间多变，游人可以随意进出，或闲坐一角，或慢步行走，或健身跳舞，都有足够的空间供他们活动，实现了'绿量不变，空间增大'的设计意图，人工的自然，自然的人工，有机地融合为一体。"李寿仁如是说。

2．精工细作经得起时间考验

馆驿嘴广场不仅要成为城市的一处标志性景观，更要能经得起洪水的考验，这就对广场的功能和铺装材料提出了更高的要求。

"我们将馆驿嘴广场的设计基调定位为'奢华'，是指使用的材料要'真材实料'，施工工艺要经得起考验。"李寿仁边走边介绍说，"涟漪广场上的冰裂纹图案铺装，采用两种颜色的花岗岩，为了营造出气泡的效果，特意将圆形的花岗岩用不锈钢镶边，加深色彩，形成对比，从而营造出"激起涟漪无数"的奥妙，实现馆驿嘴这艘航船动起来的效果，为了保证施工质量，工人都是从杭州请来的专业人员；所有的青石铺装，全部采用人工石刻，我们现在看到的这些菠萝面、荔枝面等纹路，是几百名能工巧匠一凿一凿刻出来的，这种自然、厚重、原生态的质朴美，是机器切割无法实现的，更重要的是，大量青石的运用，可以有效抵抗洪水的冲刷，就算50年一遇的洪水来袭也不怕；反映泸州民俗生活的三缺一麻将雕塑，则是用全铜制作，人物形态惟妙惟肖，纹路雕刻精致细腻，彰显出工艺的用心和考究；亭、廊等木结构建筑则采用实木制作，对木质材料和厚度都有严格的要求，达到美观与实用兼顾的要求。"

从馆驿嘴广场往滨江路一路走来，植物材料简而不单，尽显丰富饱满；地面铺装统一中富于变化，彰显厚重大气；坐在廊架下，可以感受到原木的质朴；随手触摸栏杆上的青石，粗糙的纹路仿佛历史留下的痕迹；堤下广场上随处可见的景石，则与地面浑然一体，仿佛已经存在了很多年……刻意中的随意、随意中的刻意，一种低调的奢华，就这样在不经意间流露。

3．浓郁人文气息品味时光流转

泸州是我国的历史文化名城，有着两千多年的发展历史。只有将丰富的人文历史元素融入景观设计中，才能营造出具有鲜明泸州风格的园林景观，进一步提升泸州的名城形象。

"泸州有'酒城'之称，闻名遐迩的泸州老窖和郎酒均出自于此，为了体现泸州的酒文化，在馆驿嘴广场两江汇合处的观景平台上，我们特意做了两块大型的青石地雕，一块是由楷书、行书、隶书、草书、篆书、金文等书法和字体形式构成的百酒图，这幅图再现了泸州悠久而丰富的酒文化历史，是泸州酒文化的代表；一块是清代泸州城池图。百酒图代表'酒'，古城图代表'城'，恰好契合了泸州'酒城'的主题。为进一步展现酒城文化的丰富内涵，我们还在堤上广场做了一个泸酒水景小品，原本的创意设计是用酒取代水，让两江四岸'飘起酒香'，由于实际操作中有些困难，暂时用水取代酒，以后的设计中，可能会考虑用酒糟植入园林小品中，也可以让园林景观飘起酒香。"李寿仁说道。此外，堤下广场上还放置了一块"醉美泸州"的石刻。通过这一系列酒元素的展现，人们对"醉美泸州"的认识变得更加丰富、立体。

"滚滚长江东逝水，浪花淘尽英雄。是非成败转头空。青山依旧在，几度夕阳红。白发渔樵江渚上，惯看秋月春风。一壶浊酒喜相逢。古今多少事，都付笑谈中。"杨慎的这首《临江仙》，曾激起多少人的豪情壮志。馆驿嘴处于长江和沱江的交汇处，曾是泸州城最繁华的地方，也是泸州风景最美的所在，在馆驿嘴广场临近江面的沙滩上，一块刻着《临江仙》的景石，见证着当年馆驿嘴的歌舞升平、繁华锦绣，见证着泸州城发展的历史，在人们心中留下了一抹最美的记忆。

在临近东门口广场的地方，竖立着一块高4m的整石无字碑，粗糙的碑身上下没有一个文字，只有镌刻的一行阿拉伯数字"2012.7.23"，以及记录洪水水位高度的标刻。"碑身的顶部伏有一只惟妙惟肖的犀牛，取名为'犀牛镇河妖'，现在犀牛还没做上去。"李寿仁说，"这块无字石碑是让泸州人民永远铭记着2012年7月23日，洪灾肆虐酒城，洪水水位达到泸州历史最高水位的日子。"一块无字碑，胜过千言万语的表述，却让人们铭记一段历史。作为无字碑的原创者，李寿仁希望借此表达酒城人民希望今后洪水不再肆虐、家人永远平安的祈盼。再仔细观察才发现，这块石碑的四个角、四个面的处理方式和纹路都各不相同。看似无字，实则意蕴深远，如此创意，让人暗暗称妙。

此外，整个滨江路示范段的地雕内容都与泸州有关，其中囊括了泸州风景名胜、佛教道教、古建筑、古镇四个主题，这些地雕全部采用青石进行雕刻，并包含诗书棋画等方面的内容，清晰地展现了泸州的城市版图和深厚的文化底蕴；一个个有着木质感的橙色垃圾桶，桶身别致精美，上面雕刻着白塔朝霞、国宝窖池等反映泸州本地人文历史的图案，成为滨江路上的一景。行走其间，浓郁的人文气息就这样随处入画，扑面而来。

作为泸州市"两江四岸"规划建设的示范段工程，滨江路灾后重建景观提升工程的设计不仅体现出了自然与生态融于一体的园林理念，注重对原生态环境的保护，节能环保材料的应用及后期养护的简单方便等，更重要的，将泸州深厚的历史文化元素融入其中，让人们在欣赏现代美景的同时，可以穿过历史的尘烟，记住这座城市的一路变迁，品味时光的流转。

缓步行走在滨江路上，丰富饱满的植物配置营造出江南园林的意境；简洁大方的地面铺装踩上去厚重平整；蜿蜒的亭台楼榭透出古朴的韵味；大大小小的地雕流转着泸州的古城风情；风格各异的园林小品讲述着一个个曾经的故事……精致中尽显奢华，文化中尽显大气，长江与沱江的美景在这里汇聚，历史与现代的风情在这里演绎，一处地标式的城市景观，将"醉美泸州"展现得淋漓尽致。

8.3.5　20年不落伍的设计：泸州馆驿嘴其品位不亚于西湖[1]

近日，泸州晚报记者独家采访了泸州市"两江四岸"规划建设的园林顾问——李寿仁先生。他首次向媒体披露他关于"两江四岸"的思考创意，首次解密出自他手中的滨江路馆驿嘴及其延伸线的诸多设计意图，让泸州市民能更好地读懂他的作品。

1. 馆驿嘴设计——奢华低调，不张扬，其品位不亚于杭州西湖，设计定位
   20年不落伍

双击鼠标，李寿仁在电脑上打开滨江路馆驿嘴的设计图，一只航船破浪前行的主题设计图映入眼帘，"奢华·低调"几个醒目的大字压在灰白色的图纸上，顿时让人领悟了馆驿嘴的设计意图。

"奢华低调，不张扬"，是李寿仁先生在设计馆驿嘴时把握的总基调。这一总基调通过八句话来实现：绿量不变，空间增大；设施完善，内容丰富；景观打造，高质提升；文化渗入，生态优化。

李寿仁口中的"奢华"，意指使用的材料要"真材实料"，施工工艺要经得起考验。游走过英国等多个欧美国家的李寿仁认为，世界上很多知名工程能经得起几百年的考验，真材实料、施工工艺是其中不可缺少的条件。馆驿嘴广场上，整石打造的花台，全铜制作的三缺一麻将雕塑，星级公厕，外地工匠拼装的冰裂纹图案，各种青石手工凿刻……无一不在诠释着李寿仁先生口中的"奢华"。

低调，不张扬，是李寿仁的主张，他认为建设和谐社会，讲求的就是协调、和谐，而低调的基调正好传递出这个时代的音符。"我的作品低调，但一定要把气质做够"，从改造好的馆驿嘴来看，不管这里的景观、植物、建筑，都是协调搭配的，而并不是"什么好看就往这里装"。"保证不难看，比好看更重要"，李寿仁先生

1　来源：泸州新闻网，作者：许亚琴，发表时间：2013年4月2日。

向记者传递了这样一种园林的设计理念。

"馆驿嘴的设计，蓝本取自杭州西湖，设计定位 20 年不会落伍。"李寿仁先生说，与其少花钱选用一般的材料粗制滥造，过几年又推翻重来，还不如一次性打造好。而在设计滨江路馆驿嘴之初，他就在思考，要让改造后的馆驿嘴经得起时间的考验。这也是设计基调确定为"奢华"的原因。

如今已经呈现在市民眼前的馆驿嘴广场，李寿仁认为"其品位不亚于西湖"。

如果不是李寿仁的指点，也许市民许久不会发现这个奥秘：俯瞰打造好的馆驿嘴，竟是一艘动感十足的航船。而设计打动人的地方在"动感"二字。打开馆驿嘴的设计鸟瞰图，李寿仁告诉记者，他的设计中，馆驿嘴就是一艘破浪前行的航船。鸟瞰图上，一只航船正在前行，船头直插江心，仔细一看，船身两侧旁还有无数"气泡"。俨然一幅动感十足的扬帆起航图：前行中的大船，划过江心，产生涟漪无数。而设计图上的"气泡"，就是如今馆驿嘴广场上无数的花岗岩铺装而成的冰裂纹图案，看起来波澜不惊的冰裂纹，却诠释着"激起涟漪无数"的奥妙。

"破浪前行的航船"，李寿仁先生解读的这一动态场景，只有登高俯瞰，才能发现其中奥妙。李寿仁先生说，园林设计中，一个景观要考虑很多视角，不仅是平视，还要考虑俯视、仰视等多个视角。比如馆驿嘴上悬挑的廊架观景台，人们站在廊架上可以眺望江景，而换个视角，站在二码道或者今后在江面游船上，又是另有一番风味的景观。

李寿仁还特别表达了馆驿嘴堤上主广场的设计理念，"这里就是整个泸州的城市客厅，是一个讲究质感、严肃的空间，要体现正气"。李寿仁先生形象地打了个比方，这个比喻就相当于自己家里的客厅、正堂，"如果有客人到家里做客，你会在客厅跳舞吗？"李寿仁先生说，当然，这会显得不庄重、不严肃。为此，李寿仁先生专门为喜欢跳舞、喜欢锻炼身体的泸州市民设计了堤下的开阔区域，这里还将安装大量的健身器材。以后，泸州老百姓可以在堤下跳舞、健身，而这也不影响游客游览滨江路堤上的景观。

关于馆驿嘴堤下部分的打造，李寿仁说，这里体现了园林景观的八字原则：实用、经济、美观、生态。相比堤上部分，堤下部分的打造更简单些，主要体现亲水性、稳定性，"要经得起洪水的考验，这是最重要的"。

2. 馆驿嘴延伸线——用古城楼再现东门，用无字碑纪念"7·23"洪灾

恢复古城楼，再现东门历史，这是馆驿嘴延伸线上的一个重要景观。"馆驿

嘴是滨江路上第一个看点，步行 10 分钟到东门口后，看什么，看古城楼"，李寿仁说，在他的设计中，将在东门口建设 3 层楼高的古城楼，再现东门历史。到时候，人们可以登上古城楼，登高远眺，抚古忆今，俯瞰江景，对视钟楼，别有一番风味在其中。

在李寿仁心中，东门古城楼的恢复，不仅承载着滨江路上的景观节点的重任，更担当着展现泸州"历史文化名城"的重任。东门古城楼恢复后，将与中心城区的报恩塔、钟鼓楼形成一条文化脉络。同时，它还将与馆驿嘴、国窖广场、国窖长江大桥、桂圆林等沿线景观一道，形成一条集江河景观、历史文化、立体交通、生态景观等为一体的旅游观光脉络。"泸州是一座历史文化名城，有价值的东西很多，可惜的是老百姓不知到哪里去看。我们要做的是把这些有悠久历史的东西展现出来，而东门城楼的恢复仅是一个开始。"李寿仁先生说。

一块高 4m 的整石无字碑，粗糙的碑身上下没有一个文字，只有镌刻的一行红色阿拉伯数字"2012.7.23"，以及记录洪水水位高度的标刻。碑身的顶部伏有一只惟妙惟肖的犀牛，这块名为"犀牛镇河妖"的无字碑，将让泸州市民永远铭记 2012 年 7 月 23 日，洪灾肆虐酒城，洪水达到泸州历史高度的日子。

而"犀牛镇河妖"无字碑的原创者李寿仁先生，则希望借此表达酒城人民希望今后洪水不再肆虐、家人永远平安的祈盼。目前，这块无字碑正在打造当中，不久后将在滨江路延伸线上与广大市民见面。

3．"两江四岸"设想——"两江四岸"飘酒香，"醉美泸州"更立体

"站在对岸看两江景色，滨江路是泸州的外滩，是一条能展示文化内涵的滨江绿地休闲带，而茜草要有上海浦东新区的感觉，王爷庙一带就是一条历史文化街区"，李寿仁对泸州的"两江四岸"打造，有着自己独到的见解。

据李寿仁透露，他负责设计的龙马潭区利君广场——王爷庙段，目前设计出来了，年后将开工建设。利君广场和王爷庙将要重点打造，从沱二桥看下去，打造后的利君广场连接诗画廊的区域将呈现一个非常有品位的绿地空间，而王爷庙一带将打造出一条历史文化街区，同时亮出学士山山脉。

作为我市"两江四岸"的顾问之一，李寿仁先生对我市"两江四岸"的打造，有着许多尚未公布的设想和创意。采访中，记者有幸分享了李寿仁先生正在思考中的一些创意、设想。

在李寿仁先生诸多创意设计图中，一幅利用桥下空间设计的戏台的创意设计让记者眼前一亮。设计图以一侧桥墩为题材，桥墩下方依势设计了一个灰瓦白墙、

黄色门柱的戏台，戏台上方的弧形桥梁上装点着戏曲元素的脸谱，不管是色彩的搭配，还是设计创意，心思之巧妙令人叫绝。李寿仁先生告诉记者，这是沱三桥一个桥墩下的设计，设计方案目前基本上已经通过。

泸州作为酒城，在"两江四岸"的打造中，融入酒文化、注入酒元素，是必须考虑的。在馆驿嘴，你能寻觅到不少酒文化的踪迹，像堤上的泸酒水景小品，堤下的"醉美泸州"石刻印章，等等。但李寿仁先生并不满足于此，如何让两江四岸"飘起酒香"，让人们对"醉美泸州"有更丰富、立体的认识，这是他一直在思考的。李寿仁先生告诉记者，此前他在馆驿嘴泸酒水景小品中，创意设计用酒取代水，这样就能在滨江路上飘起酒香。"但这个设计在实际操作中有些困难"，后来，李寿仁先生又设计用酒糟植入园林小品中，也可以让园林景观飘酒香。但目前施工还在不断推进，这一设想还没有最终实现。

注：四川泸州滨江路管驿嘴示范段景观改造工程由杭州市园林绿化工程有限公司的子公司——杭州易大景观设计有限公司负责景观设计，杭州市园林绿化工程有限公司负责项目的宏观咨询及现场技术的指导和管理工作。为将该工程打造成一个亮点精品工程，为泸州城市环境的建设增色添彩，园林大师李寿仁和杭州易大景观设计有限公司总工卢山教授对项目进行了全程跟进。

忠山公园品质提升改造工程

9.1 项目概览

1．设计基本思路与特色

忠山公园坐落在四川省泸州市忠山南麓，始建于 1978 年。忠山占地 250 余亩（约 0.17km²），其中水域面积约 9000m²，乔木以樟树和湿地松为主，其中樟树有近 80 年历史。园中高大挺拔的香樟，一片苍翠。湖面宽阔，碧波涟涟，环境十分幽静，是泸州人民理想的休闲、游览的城市公园。山方圆数里，玲珑秀丽，樟柏松楠一片葱茏；桃梅芍菊四季争妍，山色似锦，宛若画图。登临峰顶，但见两江环抱城郭，长江滚滚东去，一泻千里，心胸顿觉开阔。

忠山在泸州，古称堡子山、宝山、泸峰山，明崇祯年间因纪念诸葛亮而改名忠山，古代《泸州八景》中的"宝山春眺"中的"宝山"指的就是这里。三国时期，诸葛亮平定南中时曾驻兵于此，因诸葛亮对蜀国真正做到了"鞠躬尽瘁，死而后已"，对国家忠心耿耿，泸州人为了纪念他，明朝时把宝山改名为忠山。

近年来，随着城市产业的发展，园内建设凌乱破旧、文化缺失、过度开发游乐设施、水质恶化严重，已不能满足市民的休闲和审美。面对忠山公园不断恶化的环境，市政府决定实施全面的景观提升工程，还市民一个"城市绿肺"。

本次改造本着拆、增、改、提的设计思路，整个园区的规划因地制宜，顺其水势形成了一轴——水轴，并沿着水脉布置了十景——宝山春眺、清音谷、静湖、樟树茶园、荷花池、观鱼池、盆景园、孝行广场、忠山广场，周围的山林构成一环——山环，最终形成了"一轴一环十景"的景观结构。整个园区注重人文与景观的结合，充分发掘忠山和当地文化，并将其融入各个景观节点当中，使得景观有情有境有景。

本设计方案荣获"中国风景园林学会第三届优秀风景园林规划设计一等奖""2015年浙江省'优秀园林设计'三等奖""2015年度杭州市建设工程西湖杯奖（优秀勘察设计）二等奖"。

2．项目技术创新要点

（1）因地制宜，贯通水脉，造生态品质之园。

对原有的池塘和湖泊进行清理、疏通和扩建，贯通水脉，将"死水"变成"活水"。从清音谷、静远湖、曲连池到观鱼池，都有潺潺的流水相伴。水流借助动力设备，形成一个循环的流动体系。

将硬质驳岸改为自然式驳岸，运用传统叠山置石的造园手法，讲求曲折有致，为水生动植物提供了栖息地，同时，形态千姿百态的叠石也反映了泸州的"长江奇石文化"。

（2）融蜀汉文化，续简朴古风。

忠山公园的改造充分挖掘了"忠"字的文化意义。通过忠山广场、主题雕塑、摩崖石刻等景观节点、小品来纪念诸葛亮"鞠躬尽瘁、死而后已"的高尚品格。

为延续场地记忆，创节约型景观，尽量保留原来的主体结构，通过建风雨长廊、增绿化、道路去水泥化等来提升整体品质，用借景、分景、对景等传统造园手法来丰富空间和园景。

现有建筑小品的风格不统一并缺少当地特色。在改造提升过程中统一采用川南民居风格，与园内其他构筑物形式风格一致，从而完善园区的构筑物体系。

（3）意匠经营，传递古典园林意境之美。

不只是造景，更是造境。改造后的忠山公园褪去了当年的喧嚣，焕然而来的是内在的宁静和安详。

拥有500余株古樟树的"城市之肺"经过提升改造，自然生态得到了更好的保护。保留其绿荫如盖的自然景观，创"返景入深林，复照青苔上"的意境。

在静远湖体会诸葛亮"非淡泊无以明志，非宁静无以致远"的意境；在清音谷回味"三顾茅庐"的典故，赏世外桃源般的幽静画面。

在峡谷跌潭感受"静以修身，俭以养德"的韵味；在曲连池赏亭台楼榭，小桥流水，感"出淤泥而不染，濯清涟而不妖"的品格。

在宝山春眺，望长沱两江静静地从泸州城下绕山脚而过，风帆三五，碧绿万顷，达到"天人合一"的境界。

3. 主要景点设计

（1）忠山广场。忠山广场作为整个公园的主入口，在原有广场的基础上扩大了空间尺度，将忠山公园与烈士陵园的主入口统一打造，象征着从古到今"忠"文化的传承，展现"忠"之正气；以堆叠的景石作为入口标志，表现"山"之胜景。

（2）忠孝广场。忠孝广场作是整个公园的第一广场，开放的广场空间满足市民日常活动的需求。同时，广场上的"二十四孝"和"鞠躬尽瘁"等主题雕塑体现了中华民族的传统美德。

（3）观鱼池。观鱼池以观鱼为活动主题，以轩、廊、亭等建筑围合空间。配合摩崖石刻、音乐喷泉、折桥等景观元素，形成一个独立的景观空间。鱼池约长30m，宽20m，养鱼百余尾，鱼跃清泉，燕斜微风，景色清幽。

（4）峡谷跌潭。峡谷跌潭新增了雾森、喷泉、跌水等项目，通过水蒸气营造出烟雾缭绕的氛围，吸引了不少市民在此游玩拍照，创造出世外桃源般的意境，在此可以体验"静以修身，俭以养德"的韵味。

（5）清音谷。清音谷为整个公园水系的源头，水体由一组假山瀑布引出，经过水榭穿过廊亭直至静远湖。亭、台、桥、山组合成了一幅曲径幽深的画面，配以瀑布流水之声，展现清音谷之韵。

（6）静远湖。静远湖取"非淡泊无以明志，非宁静无以致远"之意。在原来的基础上将具有厚重感的栏杆改造为精巧的低栏，并设置观景亭，改造已有建筑统一风格，形成对景。湖水通过自然叠石与下游曲莲池连通，形成完整的水系。

（7）曲莲池。曲莲池以观荷为主题，通过水榭、平台、曲桥等亲水设施，将人们带入一个"接天莲叶无穷碧，映日荷花别样红"的境界。以莲隐喻诸葛亮廉洁自守的高尚品格，做到了景观与传统文化的结合。

（8）湖岸改造。园内驳岸硬化严重，水上过度开发游乐设施，水质恶化。将硬质驳岸改为自然式驳岸，运用传统叠山置石的造园手法，讲求曲折有致，为水生动植物提供了栖息地。同时增加游船码头以丰富园区的功能。

（9）次入口改造。现有园区入口功能混乱，风格各异，并有车辆违章乱停现象。现设置多个停车场，升级树池、围栏等景观小品，提升公园品质。

（10）台阶梯步改造。280级梯步入口的景观设计，使入口空间整体大气。在梯步平台外侧适量设置休憩平台和景观廊亭供游人休憩观景。增加景观石刻以增加园区的文化性。丰富绿化配置以达到四季有景的景观效果。

（11）半亭小景。沿着高墙设置半亭、爬山廊，连接至原有大门，并采用川南民居建筑风格。完善此处的休闲功能，美化裸露的高墙，丰富游客的视觉感受。

（12）建筑立面改造。园区内部分建筑的立面效果过于简陋，因此改造成川南民居风格，与园内其他建筑物形式风格一致，从而完善园区的整体景观效果。

9.2　工程实景

9.3　媒体报道

9.3.1　以"忠"文化为主旨　造人文园林——对话李寿仁（忠山公园品质提升改造工程设计师）[1]

记者： 忠山公园提升改造方案的设计理念是什么？能谈一谈设计方案的过程吗？

李寿仁： 现在整个公园的改造情况，我已经全部记在脑子里，随时都可以拉出来。第一次见到忠山公园，它扑面而来的历史文化就给了我震撼。公园本身就具有深厚的历史，我们设计方案的目标就是，以"忠"文化为主旨，打造具有地域特征、人文特色、园林气质的综合性公园。设计的整体思路是"拆""增""改""提"，在尽量保持原有状态的情况下，拆除例如动物园等功能片区和陈旧不堪的建筑，增加一些地域性、人文性的景观元素，改造改善整体景观风貌，提升景观境界。在文化景观上，深入挖掘和展示诸葛亮的"忠""廉""静"的品格，将其

1　来源：泸州新闻网，发表时间：2013 年 4 月 3 日。

融入景观意境。同时恢复原有景观，比如说"宝山春眺"景观。

一年前，我们整个设计团队共 10 多人，便开始实地考察并查找之前做得不好的问题所在，随后着手制作方案，在方案拿出来后，我们根据忠山公园的历史文化，融合现在园林建设的理念，进行反复修改，最终才给出现在的方案。但是在具体的改造过程中，根据实际情况，可能还会有细微的变化。不过，肯定地说，此次忠山公园的换装是革命性的，全面性的。

记者：改造后的忠山公园有哪些亮点？最大的特色是什么？

李寿仁：改造后，公园分为入口广场区、文化体验区、中心景观区、林谷畅游区、休闲活动区。具体而言，入口广场区包括公园大门及"忠孝广场"；文化体验区包括观鱼池、宝山春眺及 288 梯步；中心景观区包括曲莲池、静远湖、清音谷等；林谷畅游区包括由原来动物园改建的休闲茶室、鸟语林、盆景园等；休闲活动区包括忠山后山部分等。

于我而言，每个部分都是亮点，每个景观环环相扣。园林理念讲究有层次感，有节奏感，错落有致，要有"行者不倦"的环境；亮点是一串串跟着来的，由正气的大门进入后，园内的景观一一而来，有着递进关系。

而在景观打造过程中使用的材质也是青石板、太湖石等一些古朴而不失品质的，这在另一方面提升了公园品质。泸州是标准的江南，贴着长江的江南。园林在以往是一些达官贵人花钱打造的，在内地显得稍微苍白一些，但并不能说内地就没有园林。

打造公园讲究经济、实用、美观、生态。在方案之前，我首先将自己定位为一名游客，既要有自己的特色，同时也要有现代园林的理念，忠山公园有着苏州园林的小家碧玉，也有杭州园林的自然山水，是真正具有现在园林理念的高品质公园。

9.3.2 问道大师，先睹泸州忠山仙境[1]

去年开始，忠山公园开始进行品质提升暨升级改造。而目前，改造升级工程正在进行中。本着"一拆二改三增四提"的原则，把与公园整体环境风貌不协调的原有构建筑物拆除，对基础设施进行改造，尽可能多建绿地和休闲健身场所，在恢复自然山水景观的基础上，发掘忠山历史文化，打造自然景观优美、文化内涵丰富的精品名园。

---

1 来源：泸州新闻网，作者：陈永超，发表时间：2013 年 4 月 2 日。

忠山公园被定为泸州最早的一个综合性公园，泸州城市的绿肺，泸州人休闲的天堂。随着城市的规划建设，忠山公园将被改造为地域特征明显、人文特色鲜明，具有园林品质的生态公园。据相关人员透露，公园的提升改造工程预计到今年9月份才能完成。那么，未来的忠山公园到底是什么样的呢？泸州晚报《博周刊》记者对话忠山公园品质提升改造工程设计师李寿仁教授，带您一起先睹未来忠山公园的新貌。

1. 大气方整："忠孝"融景触情

"忠山"一名的由来原是为了纪念诸葛亮及其子孙的忠心而更改，表达"忠心为国，鞠躬尽瘁"的献身精神；"百善孝为先"，自古以来便是我国重要的伦理道德之一。"忠孝"便是忠山所涵盖的深层次文化内涵。

此次对忠山公园的品质提升改造，着重立足忠山公园的"忠孝"历史文化内涵，并进行深层次的挖掘和展示。同时将"忠孝文化"融入"静"中，体现"非淡泊无以明志，非静远无以致远"的曲径通幽般的生态立体效果。

最显眼的变化莫过于忠山公园的大门。"要体现忠山公园的气派，首先大门处要有大气、方整的气派。"李寿仁如是说，为了打造出这种效果，现在忠山公园大门旁的一些杂物，如商业住房、市园林局石刻，等等将会搬移，整个忠山公园的大门将被拓宽，名为"忠山广场"。

即为山，便要体现山，来个"开门见山"。穿过公园大门后，映入眼帘的便是一座假山。假山样式与之前不会有很大变化，但使用的材质变了，改用"太湖石"，体现一种高品质。经过假山，便进入了"忠孝广场"。怎样将忠孝文化融入公园？设计方案时，李寿仁一行人会同本地的文化名人商讨，考虑在进入广场的左侧设置三座雕塑，与历史宝山上的"三忠祠"交相呼应，从视觉上冲击游人的心灵，将忠孝文化印入人心。此外，还计划在广场加入摩崖石刻"鞠躬尽瘁"，体现诸葛亮忠心为国的道德主义爱国精神。

此外，在整个园区内，通过石刻、地雕、景观小品等体现忠孝的元素融入各个景观节点中，使得景观有景有情有趣。

2. 活水雾森：公园胜似"仙境"

水是灵动的，流动的水更能活跃一个公园的景致。此次品质提升，公园景致更加注重"活水""活水自净"。

打造"活水"充分利用园内现有的清音谷、静远湖、曲连池之间的空间。"一个公园要活，必要有流动体，流动的溪水、清脆的水声、循环的喷泉。"李寿仁说，在曲莲池与静远湖之间，打造流水小溪"自然叠水"，水从静远湖潺潺流动进曲莲池，而后又将水循环回静远湖。流动的水体自然干净，而在其中发出的水流声，在听觉上给人一种自然、宁静的享受。

不仅如此，以后人们还将有机会在公园感受仙人"腾云驾雾"。在静远湖与曲莲池之间，还将设置"雾森"，不仅增加了空气的湿度，而且给人创造出烟雾缭绕、人间仙境的美景。

3．自然和谐：江南小调"观鱼池"

最大的变化在以往的游泳池位置。原来的游泳池将被改建为"观鱼池"，极具江南小调风格。观鱼池以观鱼为活动主题，以轩、廊、亭建筑组合围合空间。进入观鱼池区域，右侧设有摩崖石刻、音乐喷泉、折桥等景观元素，形成一个独立的景观空间。鱼池长约30m，宽约20m，池内鱼跃清泉，燕斜微风，景色清幽。

"人们往往认为江南小调主要是杭州、苏州等沿海一带的风格，但是我并不这样认为。"李寿仁说出了当初打造观鱼池的初衷，"泸州地区也是属于江南地区，在打造园林品质的公园式，可以引入园林建设的理念，只要不违背人们的审美常理，给人一种清新、自然、和谐的感觉。"

9.3.3　泸州忠山公园换新颜　现江南园林之空灵[1]

泸州市民张绍华，今年已经60岁了，他早已习惯每日清晨和傍晚到忠山公园逛一逛，对于这个公园的感情，就如对一个深交知己的依恋。这仅仅是泸州人对家乡挚爱的一个缩影，在忠山公园，人们拥有的不仅仅是曾经美好的回忆，还有亲近自然、聆听自然、融入自然、体验文化的精神享受。

宝山翠颜，宛如古城碧玉！作为我市成功创建"国家园林城市"的重点项目，如今忠山公园已经褪去了当年的热闹喧嚣，焕然而来的是内在的宁静和安详。拥有500余株古樟树的"城市之肺"，忠山公园是中心城区腹地的生态公园，经过品质提升改造，自然生态得到了更好保护，成为酒城人民休闲娱乐的最佳去处之一。忠山公园已被国家住建部列为全国老公园改造的典范，同时，在去年被评为"四川省重点公园"。

1978年4月，泸州忠山公园大门竣工，正式开始售门票，并增设了茶园、小卖部、照相馆等服务项目。1980年，公园增加荷花池游船服务项目，12只木制游船投入使用。后来，公园景点和玩点也越来越多，有了湖心亭、小拱桥、曲

1　来源：泸州新闻网，作者：陈永超，发表时间：2014年11月5日。

栏回廊的游乐区。同时，改建坡道（288 梯）花坛，建设盆景园，外设石雕小桥、花窗墙，中有月门，内有花坛群及"哈哈镜"。在 1980 年到 1988 年，公园逐步增加了动物园、儿童游乐园、旱冰场、液压电动飞机、人工湖等。当年，泸州就只有这样一个值得玩耍的公园，每到周末，公园内定是人员爆满，这样的欢乐时光也成为众多 80 后、90 后年轻人的童年记忆。

提到公园的过往，当然不得不提到曾经火爆一时的灯会、菊花展等活动，据说当年的火爆程度绝对不输现在自贡灯会。1984 年春节开始，泸州市园林处在公园主办灯会，此后连续两年连续举办了中型灯会和大型灯会以及盆景展。从 1981 年到 1986 年，每年菊展均展出独本菊、大立菊、悬岩菊、案头菊和工艺菊 8000 盆至 10000 盆，参观游人达到 5 万人以上。1987 年春节，由市政府主办，园林局承办首届"酒城灯会"，观众达到 62 万人次。

"当时的灯会非常受群众的欢迎，可以用人挤人，人挨人来形容。"忠山公园管理处主任余亚雄说，"平时大家都舍不得花钱进公园耍，但一到节气，冲着热闹的气氛，就算门票贵上几倍，也是非常愿意的。"原市园林局公园科长李玉州说，当时的花灯沿着主道设置，路上挤满了人，大部分是一家人结伴而行，爸爸抱着小孩，妈妈则指着花灯给孩子解释；也有年轻的情侣牵手共同观赏，一路有说有笑；也有单位组织员工共同欣赏。整个公园热闹非凡，直到关门的时间，大家都舍不得离开。

2002 年，忠山公园开墙透绿，免费入园，更使公园成为广大泸州市民休憩的主要场所。2008 年，泸州市政府对忠山公园重新修编规划，去年伊始正式提升改造，2013 年国庆重新开园。如今，忠山公园溪涧环绕，湖泊静守，"只少风帆三五叠，更余何处让江南"，让酒城人在家乡便能够感受到江南园林之空灵。

"忠山"一名的由来原是为了纪念诸葛亮及其子孙的忠心而更改，表达"忠心为国，鞠躬尽瘁"的献身精神；"百善孝为先"，自古以来便是我国重要的伦理道德之一，"忠孝"便是忠山所涵盖的深层次文化内涵。

改造后的忠山公园给人焕然一新的感觉。行走忠山公园，可以在静态中感受它"非淡泊无以明志，非宁静无以致远"之灵魂，在动态中体验它的灵动别致的、曲径通幽般的生态自然。站在忠山广场，大气方整的"忠山"映入眼帘，与历史宝山上的"三忠祠"交相呼应，从视觉上首先便冲击着游者的心灵。在"忠孝墙"上，"忠"与"孝"间的空白画卷，等着游者自己去践行自己的"忠孝人生"。

"泸州忠山公园安静了，但却处处显现出勃勃生机。公园的'活水'，连接着清音谷、烟雨湖、荷塘，流动的溪水、清脆的水声、循环的喷泉……"忠山公园改造提升设计团队负责人李寿仁说，在烟雨湖与荷塘之间，打造流水小溪"自然叠水"，水从烟雨湖潺潺流动进荷塘，而后又将水循环回烟雨湖。流动的水体自然干净，而在其中发出的水流声，在听觉上给人一种自然、宁静的享受。原来的游泳池变成了"观鱼池"，四周以轩、廊、亭建筑组合围合成"半空间"，右侧设有摩崖石刻、音乐喷泉、折桥等景观，极具江南小调风格。池内鱼跃清泉，燕斜微风，景色清幽，岸边游人悠闲、愉悦"逗"鱼趣。

一个公园之所以让人魂牵梦萦，不在于其有多繁华喧嚣，而在于其能否在古朴、简约、自然、宁静中给人精神灵魂上的冲击和漫想，让人灵魂得到充实，而忠山公园就这样悄无声息地做到了。

好景好风光，当然也少不了"好人好服务"，忠山公园有了体贴入微的服务，它便更多了一层人文关怀。不知游者您是否发现，当您进入忠山公园大门时，公园便为您提供着免费雨伞，供您在雨天也能尽享忠山美景；如果您腿脚不方便，公园也有无障碍设施、专门座椅……当然这些物质上的方便，仅仅是公园服务入微的一个方面，更重要的是，公园还精心为游客安排着各种园事活动。

"要让泸州市民在公园中能够感受到季节的变化，自然的生态美。"余主任如是说。在他看来，他们要做的工作便是尽可能多地为市民提供服务。为此，公园每年会举办各种各样的园事活动，比如鲜花展：在春季，公园布置了仙客来、一品红、郁金香等鲜花展，夏季有荷花展，秋季有菊花展……比如与不同团体协会合作，开展书法展、摄影展、奇石展等展出，免费供游客欣赏。另外，公园里还建设了一个"民星舞台"，设有专门的更衣室，游者可以在上面展示自己的才艺；还增设了"忠山驿站"主题邮局，方便市民将所拍忠山美景邮寄给亲朋好友。

就如余主任所说，公园人正积极贯彻从"管理"到服务的转变，积极为市民和游人提供更多、更好的服务和关怀，希望来到忠山公园的游者可以感受到忠山公园是一个"有故事、有文化、有关怀"的公园，是旅者"宁静、温暖"的家园。

10

玉带河湿地公园（一期）工程

10.1 项目概览

泸州市玉带河湿地公园（一期）工程位于四川省泸州市龙马潭区，由杭州市园林绿化股份有限公司承建，施工内容包括完善公园一期 120 余亩（约 0.08km²）范围内园林道路、植物种植、拱桥、曲桥、水上园路、景观亭等基础设施建设，玉带河片区截污干管建设等。工程于 2013 年 8 月开工，2014 年 5 月竣工，历时9 个月。该工程荣获 "2014 年度浙江省优秀园林绿化工程银奖" "2014 年度杭州市优秀园林工程金奖"。

玉带河湿地公园是泸州市创建国家级园林城市的一个重点建设项目，为湿地专类公园，主要区域分为四季画廊区、湿地科普展示区、民俗文化区、湿地游览活动区、森林疗养区，以及莲滩鹭影、花格戏蝶、活水荻荡、曲影流碧、醉醇江洋等玉带十景。玉带河湿地公园充分体现了自然生态的设计理念，将自然生态景观与人工现代景观有机融合，塑造出具有泸州特色的山水园林式景观。公园作为湿地生态系统恢复和构筑的示范区、科普科研基地和生态旅游窗口，对于提升泸州城市公园品质和形象，具有积极意义。

10.2 工程实景

10.3　媒体报道

自然美景扮靓玉带河——记四川省泸州市玉带河湿地公园（一期）工程[1]

　　玉带河湿地公园（一期）工程位于四川省泸州市龙马潭区，施工内容包括完善公园一期120余亩（约0.08km^2）范围内园林道路、植物种植、拱桥、曲桥、水上园路、景观亭等基础设施建设，玉带河片区截污干管建设等。

　　主公园共由十三部分组成，分别是主入口、廊架、眺望台、栈道平台、木栈道、曲桥、景观亭、拱桥、平桥、拦水坝、次入口、林荫道及百花园。

　　跌水池是主入口的一大特色，黑色的阶面，清澈的水流，映着周边的三色堇、报春、羽衣甘蓝等时令花卉，多宝树、罗汉松、朴树、桂花等错落有致的绿色植物组成夏日的一幅清凉水景，使主入口显得优美、大气，令人眼前一亮，更加想去探寻前方的美景。

　　穿过廊架，来到宽敞的眺望台。一眼望去，广场正中央矗立的五根汉白玉雕刻的图腾柱是最引人注目的风景，图腾柱上的龙观望着泸州的各个方向，意味着泸州将更加繁荣昌盛。广场主要由景观花池组成，黄色、橙色的金盏菊、万寿菊、孔雀菊，粉色系的波斯菊等时令鲜花迎着骄阳花开正艳，远远望去是一片美丽的花海。广场正前方是由柳桉木和防腐木制作而成的宽大挑台，站在挑台上可以看到另一半主公园的美景，丛林式的绿化组团、大面积的草坪等尽收眼底。宽阔的挑台也是娱乐健身的休闲场所，每天早晚，附近的居民会来挑台上锻炼、跳舞，

———————
1　来源：中国花卉报，作者：杨少婷，发表时间：2014年10月13日。

尽享生活的悠闲、惬意。挑台下方设有隐藏式公厕和管理房，管理房下方的灌木丛中则堆放着景石，不仅起到挡土的效果，还增加了主公园的美观性，在保证景观效果的同时，做到了对空间的充分利用。

玉带河位于主公园的中心位置，刚好将公园一分为二，由景观亭、拱桥、曲桥组成的湖心岛，成为连接公园南北两侧的通道。曲桥，因曲折迂回，故名曲桥，主要由防腐木地面和柳桉木栏杆组成。其施工难度较大，因为玉带河底淤泥量较多，机械挖出的淤泥没地方处理（当时周围整坡已完成），最终决定将淤泥往坡上翻晒，等曲桥基础做出后，再将此部分淤泥运回玉带河。与曲桥不同的是，拱桥铺装全部使用青石石材，为了达到美观效果，青石表面全是纯手工打面，更彰显出青石的古朴、厚重，远远望去，与岸边的环境浑然一体，显得凝重、大气。

桥是连接景观节点的重要元素，从林荫道到百花园，需要走过一座平桥。这座平桥的做法与曲桥类似，材料也以防腐木和柳桉木为主，平桥虽平，但两侧婀娜多姿的柳树为它增加了飘逸的美感，走在上面，清风拂面，柳丝含烟。

百花园是整个公园中绿化植被最多的地方，设计上以少量硬质景观结合大面积的乔木、灌木及时令鲜花，成为一片花的海洋，故名百花园。百花园入口处有一条岔路，一边通往园路，一边通往广场。广场均用彩色混凝土地面和石材走边，既平坦又有色彩感。广场上最显眼的是树阵景观，一棵棵栾树、丛生紫薇、桂花、香樟、黄连木等站立在花池中，与夏鹃、南天竹、洒金等灌木，三色堇、报春、羽衣甘蓝、大花樱草等时令花卉组成一个个小景，尽显不同风情，彰显广场的大气、雅致。广场对面的分台花池里红叶石楠球、南天竹、西洋鹃等配合着花开正艳的万寿菊、孔雀菊、波斯菊等，引来蝴蝶翩翩起舞，流连不已，让百花园更添色彩魅力。

在百花园边坡处，可欣赏到沿河栈道平台和木栈道的美景。栈道平台临水，等水面上升后，站在栈道平台上远眺玉带河，优美的环境会让人远离闹市的喧嚣，寻回心灵的宁静。

丛林式的绿化、大面积的草坪，结合仿古园林硬质景观，成为玉带河湿地公园的最大特色。傍晚时分，太阳渐渐褪去炎热的光环，公园里开始热闹起来，周边的居民纷纷前来散步、游玩，乐享夏日夜晚的清凉。

丛林式的绿化、大面积的草坪，结合仿古园林硬质景观，成为玉带河湿地公园的最大特色。

11

东岩公园景观提升工程

11.1　项目概览

东岩公园位于泸州城东长江东岸，国窖大桥旁边，是当年建造国窖大桥时的一个弃土场。公园于 2013 年年初开始进行升级改造，由杭州易大景观设计有限公司负责项目的景观设计，杭州市园林绿化股份有限公司负责项目的现场技术指导。一期工程已于 2013 年年底完工。

该工程面积近 7hm^2。其中，"东岩夜月"是泸州老八景之一，景观资源丰富。工程设计范围为国窖大桥东岸桥头节点，总面积近 50000m^2。设计理念以生态园林为出发点，以恢复东岩峥嵘峭壁，修复道侧山体绿化，保护、改善、美化、提升区域生态环境为目标，本着以人为本、重视公众参与的原则，充分利用现有的丰富自然资源及人文环境，规划出一个既能满足市民休闲娱乐，又能体现东岩公园特色的景观场所。

如今，东岩公园内绿树成荫，繁花似锦，干净整洁的游步道，古朴雅致的凉亭，自然散落的景石……峥嵘峭壁间，美景尽显。一幅如画的自然风光，吸引着无数泸州市民前来休憩游玩。

11.2 工程实景

11.3 媒体报道

11.3.1 访泸州园林专家李寿仁：园林景观中的石之道 [1]

1．师法自然，生根生脉生致，藏锋敛锐，石里有乾坤

古人云："山无石不奇，水无石不清，园无石不秀，室无石不雅。"石头，是

---

1 来源：泸州新闻网，作者：刘明霞，发表时间：2014 年 10 月 28 日。

大自然馈赠给人类的神奇礼物。在中国的园林造景中，在营造意境和景观构成方面，石头已经成为中国园林文化和内容的一大部分。

泸州的公园越建越多，忠山公园的假山、东岩公园的石崖、国窖长江大桥互通区里的铭石……还有泸州人院子里的各式假山奇石，算得上是酒城一景。"内行看门道，外行看热闹。"今天，我们就来听一听园林专家李寿仁讲园林景观中那些石头的事。

2．说历史：两类石头、三处假山、四大名石

（1）两类石头：湖石和黄石。

巧妇难为无米之炊，要做出好的石景，石材的选择至关重要。"石材主要有湖石和黄石两类，其中湖石以太湖出产的太湖石最为著名。"李寿仁介绍说，湖石的主要成分其实就是碳酸钙，叙永石也是湖石的一种。一方水土养一方人，虽然都是湖石，但是在不同的地方，表现出的形态也是千差万别，"山东的湖石比较粗犷，江南的太湖石则玲珑秀美。""漏、透、瘦、皱"是湖石的显著特征。

黄石，多呈土黄色，形体平整坚实、棱角分明、块面平坦，迥然不同于具有"漏、透、瘦、皱"特征的湖石。黄石具有斧劈般的力度感，充满朝气，彰显着阳刚之美。"黄石也被称为块石、蛮石，柔中带刚，具有一种健康美。"在以绿为主的园林环境中，黄石的运用，既增添了明快的色彩，又强化了美的节奏，它就像一个个强有力的音符，谱写着不同的、诗化般的乐章。

李寿仁建议说，如果市民想要实地体验这两类石材的风姿，不妨去江苏扬州的个园走走，就能充分体会到这两类石头在园林景观中的美丽与雅致。

（2）三处假山。

假山，是石头在园林造景应用中的一大表现形式。"山是一个泛概念，山里有峰、有崖、有岭，所谓'横看成岭侧成峰'。"李寿仁介绍说，中国古典园林中，假山很多，其中最有名的有三处，一处是苏州环秀山庄；一处是扬州个园，春夏秋冬四季假山，各有特色；还有一处就是大名鼎鼎的苏州狮子林，这三处假山充分表现出了中国古典园林尤其是江南园林假山的特色，非常值得一看。

（3）四大名石。

"不出家门，就能欣赏到奇山险峰，四时风景。"中国古典园林历史悠久，江南园林更是久负盛名，石头的应用也可谓登峰造极。"有时某个园子出名靠的就是一块山石，比如江南园林有名的四大名石——苏州留园的冠云峰、苏州的瑞云峰、杭州西湖皱云峰、上海豫园玉玲珑，这些石头在当时的价格是非常高昂的，

现在更是无价之宝。"李寿仁介绍说，这四大名石都是太湖石，也充分体现了太湖石"漏、透、瘦、皱"的特征。

3．说经验：师法自然，生根生脉生致，藏锋敛锐，石有乾坤

除了假山，石头在园林中的另一大应用，是置石，也就是以山石为材料，作独立性或附属性的造景布置，从而表现出山石的个体美或山石组合体的美。

（1）师法自然。

虽然园林是人工的风景，但是，在李寿仁看来，没有哪个能工巧匠能比得上自然之手的巧夺天工。所以，对于石头，这个大自然馈赠给人类的礼物，在园林造景中的应用，师法自然是最基本的原则，"不能杂，要生根、生脉、生致"。

1）石忌杂。

在园林造景中，最忌讳将不同种类的石头混杂应用。"就像一条山脉，一般只出产一种矿石，这是自然的基本法则，石头造景也要回归自然。"

2）生根、生脉、生致。

"石头也有生命，石头的灵魂来自大地。"李寿仁说，置石成景，石头就必须要生根，"石头就像是种在地里长出来的一样，与大地浑然一体，就像山野间的石头一样，是经过了地壳运动和风雨的冲刷之后，露出地面，与整个自然和谐一体。"

生了根，多块石头在一起，还不能散乱无章，而要"脉脉相通"。"这是从微观结构来看，多块石头之间应该是有一种整体的力量走向，就像波浪随着波浪线起伏，多块石头之间，也有'脉'相同，不散，如果只是几块石头拼在一起，彼此间没有'脉'相同，就是散的。"而在园林置石中，能做到石头间有脉相通，需要多年的实践经验和细心的观察。

生致中，致是景致。李寿仁说，置石成景，石头在园林中，不是孤零零的存在，而是要与周围的景致相融合，或是流水，或是植物，在宏观上形成一种景观，一种姿态，"要形成一种画面感。"

（2）藏锋敛锐。

"突兀、尖锐、凌乱，这些都不是好的造型，就像人犬牙毕露，形象就欠佳。"李寿仁说，就像武侠小说中，真正的高手都比较低调，用石头造景也是一样，石景应该与周围的环境和整个景致相协调，换句话说，应该根据石头的形状，选择其放置的方位和方式，"将石头藏锋敛锐，与整个景致和谐共生，而不显得突兀。"

（3）石也分阴阳。

"有的时候，我们会在一些别墅私家花园之类的屋后，见到用鹅卵石垒成的

围墙，看起来很怪。"李寿仁说，其实石头也分阴阳，那种外观棱角分明、具有力量感的一般被称为阳石，园林造景中，一般会放在山顶、山坡等处；鹅卵石之类圆润的，称为阴石，一般放在沟壑溪涧边，如果放到山岗山坡等处，就会显得不协调。（家里有小别墅的市民，对这条，可以加以注意哦）

（4）真山面前不做假山。

师法自然，李寿仁说，在应用石头造景时，也要避免鲁班门前耍斧子，不自量力。园林界遵循的一条规则就是，"真山面前不做假山"。在东岩公园石景的布置中，就遵循了这一原则。可能有细心的读者会问，东岩公园不是也有石头垒成的"山"吗？其实那还真不是山，那其实是山崖造型。"假山不做，做山崖造型还是可以的"。

4．说现状：经验丰富的老艺人越来越少，工艺需要传承

"园林的入门门槛很低，每一个人都可以做园林；但是园林也深不见底，要做出好的园林费时费力费钱。"在李寿仁看来，园林表达的其实是人类对于生活的向往，烂盆破瓦，装上土，种上花草，是园林；精雕细琢，耗时数年，散尽千金，成就一座园子，也是园林，所谓各花入各眼是也。"但是园林最终的目的，还是要提高人们的生活品质"。

在园林这个行业多年，李寿仁也有自己的担心，"老艺人越来越少，手艺传承也面临问题。"李寿仁介绍说，园林石头造景工人（园林行业中称为假山工）的待遇其实并不低，但是却需要大量的实践，"书本上是学不到的。"老艺人慢慢少了，一些造石布景的工艺也无人继承，和其他行业一样，"急功近利的风气影响了工艺的传承。"

11.3.2　走进泸州东岩公园和忠山公园摩崖石刻　听听它们的故事[1]

"在哪儿呢？"

"忠山公园的忠字那儿。"

红色的忠字，在忠山公园观鱼池旁的石壁上，显得那么的夺目，不少人慕名而来，站在崖下细细观赏。忠字石刻也成了忠山公园比较显著的位置特征。这也是摩崖石刻这种在中国有着悠久历史的石刻艺术在酒城园林景观塑造中的典型应用。

摩崖石刻有着丰富的历史内涵和史料价值，许多摩崖石刻为政治或文化名人所题，书法精美，具有珍贵的艺术价值。比如，东岩公园的石刻长廊，汇集了不

1　来源：泸州新闻网，作者，刘明霞，发布时间：2014年10月17日。

同年代的摩崖石刻，它们富于天然之意趣，有的体量巨大、气势恢宏，有的为名家手笔，为东岩秀美的自然风景增加了深厚的人文内涵。

让我们走进这些刻在崖壁上的文字，听一听它们的故事。

1."川南石刻艺术长廊"：地方史专家陈鑫明眼中的东岩石刻

东岩夜月，是泸州老八景之一，颇有盛名。不过，除了夜赏月景，东岩还有许多值得看一看的景观，比如，东岩崖壁上的那些石刻艺术。据地方史专家陈鑫明介绍，东岩石刻历史比较悠久，相传，有唐代大诗人杜甫题的"碧水丹青"，北宋黄山谷的"醉僧图碑记"，有范成大为当时东岩上的书院题的"鹤山书林"，有杨慎的东岩夜月石勒诗，有明万历年间杨尚敬书的勒文，知州严陵镌的"鸢飞鱼跃，波光云影"，有清康熙年间刻的"岩云水月"，乾隆三十年（1765）时刻的"山高水长"，学政吴省钦书的"少鹤山"，还有保存完好的《般若波罗蜜多心经》全文，以及近代书法家肖尔诚写的"还我河山"。这些石刻有的笔锋苍劲，气势雄浑；有的秀美温润，静穆恬淡；还有的两者兼而有之，既有秀美和润之形，又不乏厚重遒劲之感。这些石刻历经风雨，仍依稀可辨，宛如一座石刻艺术长廊，向人们展示了一幅幅历史的画卷，让人赏心悦目。

"我与这些石刻有很深的感情。"提及这些摩崖石刻，陈鑫明说，自己对它们是有着深厚感情的，作为土生土长的泸州人，小时候就在东岩对面的长江边长大，也许是天天隔江相望的感情，陈鑫明对这些石刻后面的故事，也是多有耳闻。长大之后，因缘际会，陈鑫明有机会得以更加详细地探寻这些摩崖石刻背后的故事。"当时我儿子大概七八岁，给他腰上系上保险绳，让他下到崖壁上，用手摸着将字的笔画告诉我，我记下来，看看到底写的什么。"在陈鑫明看来，东岩的石刻长廊历史悠久，而且难得的是有多个历史时期的石刻，文化底蕴比较深厚，这些石刻背后的故事，也为东岩增添了更多的神韵。不过，不是每个人都那么识货，陈鑫明说，东岩的石头，也差一点倒了霉，"那地方的石头好，差点被当时的村民打来卖了。"不过，幸好，它们遇上了"识货"的有识之人，得以保全。

2.林深草密苔痕绿 崖上石刻仍可识：记者初探东岩石刻

10月10日，记者按照陈鑫明的介绍，搭乘19路公交车前往沙湾，准备一探东岩石刻长廊。哪知因为道路施工建设，19路车改了路线，与之前查到的站点有了不小的出入，沙湾站改到了国窖长江大桥茜草一头的桥头。

在陈鑫明的记忆中，乘坐19路下车之后，有一条小路通往东岩公园大佛寺，石刻长廊就在大佛寺旁。但是记者下车后，见到的是新建的东岩公园，在公园里转了一圈，在两位老人的指引下，记者找到了前往大佛寺的小路。

沿着小路往前，不一会儿见到竹林丛生，林下有座座传统民居，却很是残破，听不到人语，路旁草丛中的虫鸣倒是声声入耳。"没有人带路，一个女的去……"想起之前陈老师听说记者要独自前往时表露出的担心，记者心里也有点发毛。正在这时，几声狗叫传来，记者循声而去，往河边的石阶上，或站或立着十来个人，听语意，好似是快要拆迁，准备量房屋面积，还有人问记者，是不是回来看自家老房子。在其中一位大姐的指引下，记者继续往前。沿着弯曲的青石条子路行了几分钟，行到一小坡，一破旧的石门样建筑立在那，旁边好似围墙的地方挂了一块小黑板。原来是大佛寺到了。

"2011年涨大水，都淹了，树冲走了不少，后来石头也垮了好些。"寺里一位婆婆正在打扫，听说记者要去看石刻，介绍了起来。"初一十五才有人来。"见到记者孤身一人，婆婆似有几分不解。

穿过大佛寺，步行不远，只见崖边石壁上刻了四个大字，只是年深日久，风雨侵蚀，字迹斑驳，记者没能辨认出来。继续往前，一大片石刻字映入记者眼帘，原来这就是被陈鑫明老师誉为川南石经之最的"般若波罗蜜多心经"石刻。崖下，一位游人正在观摩。

观完心经石刻，却是丛生的杂草掩埋了前路，找不到了前行的方向，为了安全起见，记者只好折返。

走在崖下林间小路上，听着虫鸣，仿似穿越了时空，而脚下的长江水滚滚东去，对面主城区的高楼大厦，在薄雾中，也有几分模糊。

3．"石刻也是园林景观的一种方式"：园林专家李寿仁谈摩崖石刻

摩崖石刻在中国有着悠久的历史，而今，作为一种艺术表现形式，在现代园林景观塑造中，也有应用，在酒城比较典型的就是品质提升之后的忠山公园。

"摩崖石刻也是园林景观的一种方式，石刻在整个景观中，多起到了画龙点睛的作用。"李寿仁是忠山公园品质提升工程总工程师，他介绍说，摩崖石刻是假山、书法和雕刻等多种艺术形式的结合，通过石刻字将景观的人文内涵点出来，起到画龙点睛的作用。比如，忠山公园内几处大大的"忠"字，其实就是忠山忠孝文化的一个体现。"除了忠字，还有一些小的石刻，比如观鱼池旁的'江阳'，比如园内的'精忠报国'，这些其实都是埋下的小小伏笔，体现忠山公园的历史和文化内涵。"

11.3.3 而今泸州城，一年四季可赏什么花？ [1]

随着泸州城市绿化改造工作的不断推进，许多过去在泸州鲜少能见的植物都被活用在了园林建设之中。"在泸州的园林景观布局里，引入了蓝花楹、海南秋枫、多宝树、澳洲火焰木、黄花枫玲木、红枫、海棠、野牡丹、锦带花、金丝桃等多种乔灌木。在大部分构景中仍然是以泸州本地的植物为主，外来植物作为渲染和点缀，打造更为立体的景观。"王奇方介绍，为了确保景观的保有性，让游人一年四季能看到当季的特有景致，建园团队做了很多研究。如今的泸州城市绿化已经达到了"一年四季皆有景"的目标。

1. 春 桃花春色暖先开，东岩公园看桃来

总面积近 50000m² 的东岩公园是沙茜片区内最大的公园，作为"泸州老八景"，东岩公园从建造伊始便具有十分浓郁的文化韵味。不过，东岩公园最为泸州人所喜的，是园内近百株桃花。

"春季，景致最好的公园那要属东岩公园了。"摄影爱好者老周最喜欢的事便是流连于泸州的各大公园之中抓影留念，"东岩公园内的桃树有连成了片的，也有单独的，而且和假山塑石配合起来，符合美学原理。"

从东岩公园一期面向市民开放以来，园内的桃花就成了泸州人的新宠。"东岩公园的地势起伏较大，园中多采用假山叠石构景，可以展现其厚重感，同时与摩崖石刻相映成趣。因此，辅以桃、梨等花木，可以增加趣味性和多元化。"据泸州市园林局相关人员介绍，东岩公园内的桃树以红桃为主，花期较短，只有10 余天时间。不过，除了桃花以外，园内还有海棠、紫荆、梨花等花木可以供游人观赏。

2. 夏 遍地欲燃灿若霞，建设公园三角梅

三角梅在泸州已经是太多稀松平常的花种，但正是这个在泸州街头巷尾常能见的花种，却被园林大师李寿仁所喜爱，以至于在泸州新建的数个颇具江南风情的园林里都被李寿仁用到了极致。

这个曾一度被泸州市民要求更换为泸州市"市花"的花种，在酒城大道三段近旁的建设公园内早已长得枝繁叶茂。

"建设公园里的三角梅有红、紫两种颜色，休闲步道的两侧都有，搭配着山腰间的凉亭，看上去颇有一番滋味。"在占地面积29100m² 的建设公园内，三角

---

1 来源：泸州文明网，作者：孙骋，发表时间：2017 年 3 月 14 日。

梅倚斜坡而蔓延，在一片绿意间荡出斑驳红点。

"为了保证公园自身的风貌，公园内大多采用的是小型花木，通过各个面的坡度构景，建立起了以三角梅为主要景观植物的垂直景观带，所以，想要赏三角梅的游客可以去建设公园。"王奇方说道。

除此以外，蓝花楹、紫薇、黄花槐也是泸州的夏季不可错过的美丽花卉。

3. 秋 画阑开处冠中秋，双桂广场暗香飘

桂花是泸州市的市花，也是泸州市民秋季游园踏青必须要观赏一番的花种。

近年来，我市建成主城区范围内共种植桂花树 4000 余株。除忠山公园外，江阳公园、杨大山公园、木崖公园等公园都有较为密集的桂花种植。酒城大道、蜀泸大道、龙马大道、迎宾大道、蓝安大道、百子路、滨江路等也种有桂花树。

"泸州可以赏桂花的地方很多，如果在主城区范围内的话，我推荐双桂广场。"作为泸州的旅游达人，谢虹认为双桂广场的桂花保有了泸州的原始风貌。"桂花作为泸州市的市花在各大公园和主要道路上都有种植，不过，我认为赏花更多的是要赏一种情怀。"

"双桂广场附近的桂花比较密集，而且单独成景，相较于其他地方的桂花而言有着自己的格调。"谢虹说，泸州秋季能赏的景色繁多，八月桂花全城飘香，已经成为泸州一种的行道景致。

4. 冬 此花开时百花杀，玉兰最艳植物园

蜡梅、玉兰、风玲木是冬天不可错过的三大景观花木。要说泸州最雅致的玉兰花，自然是滨江路上结成趟的白玉兰。

"最舒服的观景地是三道桥植物园内的玉兰，这里的玉兰全部开在半山腰上。从下往上看，就像布满整片园林一样。"市民李凯说道。

据了解，整个三道桥植物园占地面积达 47900m^2，园内栽种花木 3000 余株，其中白玉兰种植近百株。

高速入城通道景观工程

12.1　项目概览

隆纳高速公路、成自泸赤高速公路和泸渝高速公路，在泸州形成三角形的密封环，作为泸州外环快速通道，成为泸州建设特大城市的主骨架。这个三角形的环其周长约为93km，包括隆纳高速公路34km、成自泸赤高速公路33km、泸渝高速公路26km。这个几乎为等腰三角形的环，其里程比成都绕城高速长8km多，其面积达411km^2。

在绕城高速公路环线上，建有11个互通立交，其中枢纽互通立交3个，一般性（落地）互通立交8个。3个枢纽性互通的主要功能为两条高速公路间的相互转换（不设上下出口），包括龙马潭区金龙乡境内隆纳高速与成自泸赤高速相交的仰天窝互通立交；在纳溪区新乐镇境内隆纳高速与宜泸渝高速相交的白鹤林互通立交；在江阳区分水岭乡境内，宜泸渝高速与成自泸赤高速相交的分水岭互通立交。8个一般性（落地）互通的主要功能为车辆进出高速路的通道口。在三条高速公路形成的绕城高速公路中，在其东北面的龙马潭区石洞镇境内，建有泸州石洞互通；在东中面的龙马潭区特兴镇境内，建有泸州港互通；在东南面的江阳区黄舣镇境内，建有泸州黄舣互通；在南面的江阳区蓝田街道境内，建有泸州蓝田互通；在西面，已有泸州方山互通、泸州纳溪互通；在西北面，已有泸州况场互通和胡市互通。这样，泸州市民驾车出行，可以根据自己所处的位置和所到的地方，从8个进口中选择任何一个上下高速路。

杭州市园林绿化股份有限公司常务副总经理李寿仁先生负责城北隆纳高速胡市入城口、城西隆纳高速况场入城口、城南泸渝高速蓝田入城口以及成自泸赤高速黄舣入城口等 4 个高速入城通道景观工程的技术指导。按照"大气、生态、精致、优美、有纵深感"的原则，对道路两侧绿化带进行了大草坪、大空间的整合打造，置入季节性、自然生长的花灌木与草花，形成车行尺度良好的视线。通过乔灌花草搭配、植入标志性、文化性视觉元素、与周边自然环境相融合等手法，达到开敞大气、整洁美观的整治效果。各条入城通道是城市的门户，是外地人接触的第一个对象，也是一个展现城市形象的"窗口"。通过景观打造，让各条入城通道焕然一新，充分体现了各自的特色，为泸州增添了一张亮丽的城市名片。

12.2 工程实景

12.3　媒体报道

12.3.1　泸州：观赏入城处的风景　听园林景观背后的故事[1]

对于大部分到泸州的游客，对泸州这座城市直观的印象，大概是从高速路入城口那一刻开始的；对于远游归乡的游子，重返故里进入泸州城，大约会有乡音未改、路却大变样的感叹。不管是远来的游客还是归乡的游子，从下高速进城的那一刻，俱可以准备好相机（或手机），睁大眼睛，领略无限的园林风光。

10 月 23 日一早，记者跟随园林工程师李寿仁一行，乘车前往城北隆纳高速入城口、城西泸宜高速况场入城口和城南泸渝高速蓝田入城口，观赏这些入城大道上的园林景观，听背后的故事。

1．城北隆纳高速入口：组团结构英伦风情

在千凤路和蜀泸大道交接路口，李寿仁将车停在路边，记者也跟随着下车，虽是经过多次，但从未驻足观赏过。千凤路靠客运中心站一边的地势相对较平，大片的绿色草坪，如毯子般铺着，高高低低的树木间杂其中，还不时有景观石点缀林下花间。"这一段最突出的就是英国自然风景园的设计理念，回归自然本色，返璞归真。"李寿仁告诉记者，这部分路段没有沿用传统的种植行道树的做法，而是因山就势，根据坡面，制造出既有点又有面的视觉效果，"景观树的数量减少了一些，增加了草坪的运用，同时留有空白，使之看上去有无限延伸的感觉，视线不会像以往的绿化带一样，只能触及行道树的边沿，就再也无法向前延伸。"在李寿仁看来，这部分路段最大的特色就是"虽由人作，宛自天开"，在景

1　来源：泸州新闻网，作者：刘明霞，发表时间：2014 年 10 月 31 日。

观布置上，主要采用了组团结构，就像人体由一个个细胞组成一样。"看，这就是一个典型的组团。"说话间，李寿仁指着路边，只见草坪上，几棵大树高高伫立，几丛灌木围绕树根，灌木脚下正盛开的粉红色草花将大树灌木与草坪分界开来，"庖丁解牛一样，一样样分开看是一个小景，组合起来又形成一个有机的整体。"

"看到那边山崖没有，当时修建的时候，原计划是要将山头铲平的。"李寿仁指着千凤路另一边的山头介绍说，"那座山后面就是货运铁路轨道。"如果将山铲平，铁轨就一览无遗，不过，让李寿仁更为看重的，还是山脊靠路边的那一面石崖，"大自然自己造化形成的，是任何千金万金打造的假山都比不上的。"李寿仁戏称这座山头为"龙头"，这一路口两边的景观打造，也是他最为满意的部分。

站在千凤路口，在左边山崖下向上望，青褐色的石块，透着雨后的湿润，崖缝间的杂草，透着一股野地的气息，让人仿佛身在山野之间；在路的右边，绿色的草坪，在秋风秋雨下，仍散发着绿意，一个个园林组团，有树有花有灌木还间或有山石，不散不乱，自然与人工，就这么融合在一起。

观景小贴士：城北高速入城口，一直到泸州医学院城北校区后大门，这一段上有大树、景观石、宽阔的草坪，还有两三百株层状造型的小叶榕，非常值得一看。而被李寿仁称为"龙头"的山脊，在千凤路和蜀泸大道交接路口，这里园林中的组团设计表现特别明显，兼有原野气息，同时离客运中心站不远，下车之后可以往回走细细观赏。

2．城西泸宜高速况场入口：穿越森林草地始见城

提起城市，也许我们首先想到的就是数不尽的高楼大厦和川流不息的车流，城市生活的便捷和更多的机会，也让许多人对城市情有独钟，"不是高楼大厦才是城市化。"当我们厌倦了城市的拥挤与烦躁，我们又开始向往乡村的宁静与美好，原生态的自然风光，特别受到人们的青睐，园林绿化，可以为城市带来原生态的自然风光，让我们的城市生活充满绿意，更加安宁。

从城北高速路口回转，过沱三桥，转向况场方向，车越往前行，两边的景观越发漂亮。尤其是在路的左边，顺着起伏的山脊线，大片黄绿色的草坪穿越了紧靠路边的小山丘，一直向外延伸；草地上棵棵绿树散而不乱，与一些小型花树和灌木一起，形成一个个组团景观，车行在中间，就像穿越在森林里，差别只在于树木尚没有那么茂盛而已。

"这一路段最大的特点就是将道路绿化拓展形成况场公园，公园和道路绿化成一体，事半功倍。"虽然作为园林工程师，见过不少城市的园林景观设计，但

是李寿仁说，高速路出口，有这么大面积的绿化园林，还是比较少的。"就像穿越了森林和草地，才见到城市。"同行的一位园林工程师，刚从外地来泸州，不由感叹。

在高速路口回转，车行不远就是况场公园，褐色的大石块上书着四个大大的红字"况场公园"。公园并没有大门，踏上一处靠大道边的草坪，草块新种不久，还没有长成一片；远处，两条小山脊间的低洼处，有浅浅的水泽地，秋雨霏霏之下，水面泛着细细的波纹，几丛貌似芦苇的水草在水边依稀可见，坡面上，一个园林组团景观下，一株木芙蓉花在灿烂的开放。"低洼处特意没有种植植物，就是准备雨水季节来临时积水成自然的水洼，形成一块小小的湿地。"李寿仁介绍说。

观景小贴士：况场公园离中心城区有一段距离，如果不是健走运动爱好者，建议乘车前往，在况场高速入城口有一个小型休息区，可以停车。公园里的植被种植不久，正在生长恢复期，明年春天春暖花开时前往，景色更佳。

3．城南泸渝高速入口：绿化带有少见植物

过了长江一桥，车行上城南大道，直行，就是城南泸渝高速蓝田入城口。"这一段景观道大约 3km。"李寿仁介绍说，这一路段与城北和城西两处高速路入城口景观道一样，在园林景观设计上，采用了组团设计，但是因为地形所限，视觉空间要狭窄一些。

12.3.2　泸州：四道入城城始见　千景迎客客已醉[1]

游人对泸州这座城市的第一印象，大概是从高速路入城口那一刻开始的：简洁、大气、优美，极具大都市气派；对远游归乡的游子，重返故里进入泸州城，大约会有乡音未改、城市大变样的感叹。不管是远来的游客还是归乡的游子，从下高速进城的那一刻，扑面而来的便是园林风情十足的绿色泸州。

近几年，泸州已完成 4 条出入口通道的景观建设，形成了较好的景观效果。11 月 26 日下午，记者跟随园林工程师一行，乘车前往城北隆纳高速入城口、城西隆纳高速况场入城口、城南泸渝高速蓝田入城口以及成自泸赤高速黄舣入城口，观赏这些入城大道上的园林景观，赏高速路口独特的绿色风情。

1．"虽由人作 宛自天开"的"自然风情"

千凤路和蜀泸大道交接路口，记者虽多次经过，但从未驻足认真观赏过。如今细细品来，这段全长 3.5km、绿化面积约 300000m² 的通道景观，实有一番味道。

1　来源：泸州新闻网，作者：陈永超，发表时间：2016 年 5 月 3 日。

站在千凤路口，放眼望去，便不会觉得这座城市拥堵。道路两侧的桩景：榕树桩、紫薇桩，大气、简洁，既是园林更是景观。桩景，这是城北高速入口的一大特色。千凤路靠客运中心站一边的地势相对较平，大片的绿色草坪，如毯子般铺着，高高低低的树木间杂其中，还不时有景观石点缀林下花间。"这一段最突出的就是自然风景园的设计理念，回归自然本色，返璞归真。"这部分路段的打造，邀请了国内著名的杭州园林李寿仁教授指导，景观的打造没有沿用传统的种植行道树的做法，而是因山就势，显山露水，根据坡面，制造出既有点又有面的视觉效果，"景观树的数量减少了一些，增加了草坪的运用，同时留有空白，使之看上去有无限延伸的感觉，视线不会像以往的绿化带一样，只能触及行道树的边沿，就再也无法向前延伸。"

有山有水有竹林，这是最好不过的原生态了，在这一片，你会很容易感受到什么是显山露水。在千凤路的另一边，据说在山头外侧，是货运铁路轨道。若不是山头的阻挡，铁轨就一览无遗。保留山头，依山就势，最大限度地还原了大自然本来的风貌。这座山头被戏称为"龙头"，这一路口两边的景观，据说也是李教授最满意的地方。"虽由人作，宛自天开"，是这部分路段最大的特色。在景观布置上，采用了组团结构，就像人体由一个个细胞组成的一样。只见草坪上，几棵大树高高伫立，几丛灌木围绕树根，灌木脚下的草花将大树灌木与草坪分界开来，"庖丁解牛一样，一样样分开看是一个小景，组合起来又形成一个有机的整体"。坐在车上，窗外不断闪过一个个绿色的细胞，它们在蒙蒙细雨的"喷洒"下，更显得饱满而有活力。

青褐色的石块，趁着细雨的浸润，崖缝间的杂草，透着一股野地的气息，让人仿佛身在山野之间；在路的右边，绿色的草坪，在小雨下仍散发着绿意，一个个园林组团，有树有花有灌木还间或有山石，不散不乱，自然与人工，就这么融合在一起。

2．穿越田野 品生态"丘陵风姿"

对于城市的印象，也许首先想到的就是数不尽的高楼大厦和川流不息的车流。而城市生活的便捷和更多的机会，也让许多人对城市情有独钟，"不是高楼大厦才是城市化"。当我们厌倦了城市的拥挤与烦躁，我们又开始向往乡村的宁静与美好，原生态的自然风光，特别受到人们的青睐，园林绿化，可以为城市带来原生态的自然风光，让我们的城市生活充满绿意，更加安宁。从城北高速路口回转，过沱三桥，转向况场方向，车越往前行，两边的景观越发漂亮，不知不觉，我们来到了城西的"丘陵风景"。

往向左边的窗外，记者的视线顺着起伏的山脊线而上下波动，大片黄绿色的草坪穿越了紧靠路边的小山丘，一直向外延伸；草地上时而闯入一个不规则景点，景点是由高低不等，颜色不同的植物组成，棵棵树散而不乱，与一些小型花树和灌木一起，形成一个个组团景观，若是可以，完全可以把这些景点看成在草地上放养的羊群。车行在大路中间，就像穿越在山村里，绿色天际线随着丘陵山脊线、树木高低而上下波动，随着颜色变化而不断闪烁，十足感受到西南地区原生态的"丘陵地貌"的多姿多彩。在园林工程师的介绍下，我们不知不觉已经进入了"况场公园"。

"这一路段最大的特点就是将道路绿化拓展形成公园，公园和道路绿化融为一体。"能够在高速路出口有这么大面积的绿化园林，在城市园林景观设计中还是比较少的。"况场公园"没有大门，一块精致的石碑，四个红字"况场公园"。通透开放的周边环境，群众可以从多个角度进入，共享美丽自然景观，充分体现了市委、市政府以人为本的环境惠民理念和与自然的和谐共生。大道边的草坪，虽是新铺，但已连成一片，绿意盎然；远处，两条小山脊间的低洼处，有浅浅的水泽地，细雨下，水面泛着细细的波纹，几丛貌似芦苇的水草在水边依稀可见。在低洼处特意没有种植植物，据说是准备在雨水季节来临时积水成自然的水洼，形成一块小小的湿地。后来，在穿越了一大片森林和草地，始见到现代都市。据了解，城西进出口通道景观段全长约 2.8km，起于收费站，止于泸州康健城，两侧分别为 30 ～ 400m 不等的绿化带，绿化面积约 420000m^2。

3．无意中有意 自然衔接南寿山片区

过了长江一桥，车行上城南大道，直行，就是城南泸渝高速蓝田入城口。城南泸渝高速入口景观大道约有 3.6km。这一路段与城北和城西两处高速路入城口景观道一样，在园林景观设计上，采用了组团设计，但因为地形所限，视觉空间要狭窄一些。

也许与其他处相比，城南泸渝高速蓝田入城口大道特色不是那么突出，但是它给记者印象深刻的是绿化带里的植物，首次使用了马鞭草、毛地黄、羽扇豆等植物。"根据自然地貌，因势利导，形成一个有机的整体，源于自然又高于自然。"一路驱车由城区开往城南高速入口，两侧的植物闪过窗外，而两旁景观也有不一样的特色，尤其是左侧靠近南寿山一片景观，看似无意却有意，看似人为而又融入自然原生态。园林，不是高高在上的概念，它除了带给我们美的享受，也可以带给我们生活的方便。城南高速通道景观全长 3.6km,起于收费站,止于城南大道,含两个节点绿化和两侧各 25m 绿化带,绿化总面积约 200000m²。

当然,提到高速通道景观,不能忽视了城东成自泸赤黄舣高速通道。这段全长约 0.7km,起于收费站,止于酒谷大道,含两个节点和两侧各 30m 绿化带,面积约 50000m²。这里没有大的挖方填方,只是就地打造生态绿色,疏密有致,临道路前区大片留白,增加空间感。

多层次、多品种搭配,兼顾四季景观和季相变化,因地制宜,植物品种丰富,每条通道绿化的品种都有百余种,银杏、蓝花楹、樟树、栾树、羊蹄甲、桂花以及各类花树、球形、灌木、桩景等散布其中,四季常青、四季有花,"虽由人作,宛自天开",这便是泸州高速通道景观之妙处。

也许与其他两处相比,城南泸渝高速蓝田入城口大道特色不是那么突出,但是它给记者印象深刻的是绿化带里的植物。5 月时,市城市绿化管理处绿化二部部长唐波曾专门带记者前往了解这一大道上的一些特别的植物,比如马鞭草(当时在泸州还是第一次使用);除此之外,还首次使用了毛地黄、羽扇豆等宿根花卉。

"这三处大道设计都应用了大地景观化的概念,根据自然地貌,因势利导,形成一个有机的整体,源于自然又高于自然。"李寿仁介绍说,在三处高速路入城处,城西和城南都建有一个小型接待中心,可以休息和停车,"如果有外地朋友和亲人来泸州,市民可以在休息站里迎接,也比较方便。"园林,不是高高在上的概念,它除了带给我们美的享受,也可以带给我们生活的方便。

观景小贴士: 在城南大道与黄桷路交叉路口,有小型的广场,作为高速路入城景观大道的一部分,园林造景也不错;对面还有一处植树造林形成的木芙蓉花林正在开花,同时离公交站城南大道站点亦不远,是观景的好地方。

附　　录

附录 A　植物群落调查记录表

公园名称：　　　　　编号：　　　　　面积：　　　　　日期：

生境条件：　　　　　　　　　　　　位置：

植物类型	植物名称	数量（株/丛）	胸径/地径（cm）	冠幅/丛幅（m）	高度（m）			枝下高（m）	生长势	病虫害	附注
					最高	一般	最低				
乔木											
灌木											
草本											
藤本											
竹类											

附录 B 泸州公园调查绿地植物汇总表

序号	种名	科	属
蕨类			
1	肾蕨	肾蕨科	肾蕨属
针叶树种			
2	罗汉松	罗汉松科	罗汉松属
3	水杉	杉科	水杉属
4	黑松	松科	松属
5	铺地柏	柏科	圆柏属
常绿阔叶乔木			
6	冬青	冬青科	冬青属
7	红花羊蹄甲	豆科	羊蹄甲属
8	杜英	杜英科	杜英属
9	黄桷兰	木兰科	含笑属
10	广玉兰	木兰科	木兰属
11	女贞	木犀科	女贞属
12	小叶榕	桑科	榕属
13	银桦	山龙眼科	银桦属
14	桂圆	无患子科	龙眼属
15	苹婆	梧桐科	苹婆属
16	桢楠	樟科	楠属
17	天竺桂	樟科	樟属
18	香樟	樟科	樟属
19	假槟榔	棕榈科	槟榔属
20	蒲葵	棕榈科	蒲葵属
21	鱼尾葵	棕榈科	鱼尾葵属
22	秋枫	大戟科	秋枫属
落叶阔叶乔木			
23	重阳木	大戟科	秋枫属
24	乌桕	大戟科	乌桕属
25	皂荚	豆科	皂荚属
26	枫香	金缕梅科	枫香树属

序号	种名	科	属
27	臭椿	苦木科	臭椿属
28	香椿	楝科	香椿属
29	白玉兰	木兰科	含笑属
30	黄葛树	桑科	榕属
31	灯台树	山茱萸科	灯台树属
32	栾树	无患子科	栾树属
33	无患子	无患子科	无患子属
34	法国梧桐	悬铃木科	悬铃木属
35	青桐（梧桐）	悬铃木科	悬铃木属
36	垂柳	杨柳科	柳属
37	银杏	银杏科	银杏属
38	朴树	榆科	朴属
39	蓝花楹	紫葳科	蓝花楹属
常绿阔叶小乔木和灌木			
40	螺纹铁	百合科	龙血树属
41	凤尾兰	百合科	丝兰属
42	朱蕉	百合科	朱蕉属
43	柞木	大风子科	柞木属
44	枸骨	冬青科	冬青属
45	龟甲冬青	冬青科	冬青属
46	无刺枸骨	冬青科	冬青属
47	杜鹃	杜鹃花科	杜鹃属
48	海桐	海桐花科	海桐花属
49	胡颓子	胡颓子科	胡颓子属
50	金边胡颓子	胡颓子科	胡颓子属
51	雀舌黄杨	黄杨科	黄杨属
52	红花檵木	金缕梅科	檵木属
53	蚊母树	金缕梅科	蚊母树属
54	含笑	木兰科	含笑属
55	桂花	木犀科	木犀属
56	金森女贞	木犀科	女贞属

续表

序号	种名	科	属
57	云南黄馨	木犀科	素馨属
58	清香木	漆树科	黄连木属
59	萼距花	千屈菜科	萼距花属
60	狭叶栀子	茜草科	栀子属
61	栀子花	茜草科	栀子属
62	枇杷	蔷薇科	枇杷属
63	红叶石楠	蔷薇科	石楠属
64	石楠	蔷薇科	石楠属
65	鸳鸯茉莉	茄科	鸳鸯茉莉属
66	珊瑚树	忍冬科	荚蒾属
67	茶梅	山茶科	山茶属
68	山茶	山茶科	山茶属
69	洒金东瀛珊瑚	山茱萸科	桃叶珊瑚属
70	苏铁	苏铁科	苏铁属
71	金边大叶黄杨	卫矛科	卫矛属
72	八角金盘	五加科	八角金盘属
73	鹅掌柴	五加科	鹅掌柴属
74	南天竹	小檗科	南天竹属
75	狭叶十大功劳	小檗科	十大功劳属
76	野牡丹	野牡丹科	野牡丹属
77	香泡	芸香科	柑橘属
78	九里香	芸香科	九里香属
79	三角梅	紫茉莉科	叶子花属
80	棕竹	棕榈科	棕竹属
落叶阔叶小乔木和灌木			
81	鸡冠刺桐	豆科	刺桐属
82	黄花槐	豆科	槐属
83	紫荆	豆科	紫荆属
84	木芙蓉	锦葵科	木槿属
85	木槿	锦葵科	木槿属
86	蜡梅	蜡梅科	蜡梅属
87	金叶女贞	木犀科	女贞属

序号	种名	科	属
88	小蜡	木犀科	女贞属
89	小叶女贞	木犀科	女贞属
90	红枫	槭树科	槭树属
91	鸡爪槭	槭树科	槭树属
92	羽毛枫	槭树科	槭树属
93	紫薇	千屈菜科	紫薇属
94	棣棠花	蔷薇科	棣棠属
95	紫叶李	蔷薇科	李属
96	贴梗海棠	蔷薇科	木瓜属
97	月季花	蔷薇科	蔷薇属
98	梅	蔷薇科	杏属
99	绣线菊	蔷薇科	绣线菊属
100	日本晚樱	蔷薇科	樱属
101	东京樱花	蔷薇科	樱属
102	八仙花	忍冬科	荚蒾属
103	接骨木	忍冬科	接骨木属
104	锦带花	忍冬科	锦带花属
105	六道木	忍冬科	六道木属
106	结香	瑞香科	结香属
107	红瑞木	山茱萸科	梾木属
108	金丝桃	藤黄科	金丝桃属
109	金叶榆	榆科	榆属
草本植物			
110	芭蕉	芭蕉科	芭蕉属
111	金边阔叶麦冬	百合科	山麦冬属
112	阔叶麦冬	百合科	山麦冬属
113	兰花三七	百合科	山麦冬属
114	萱草	百合科	萱草属
115	细叶麦冬	百合科	沿阶草属
116	沿阶草	百合科	沿阶草属
117	玉簪	百合科	玉簪属
118	一叶兰（蜘蛛抱蛋）	百合科	蜘蛛抱蛋属

续表

序号	种名	科	属
119	报春花	报春花科	报春花属
120	仙客来	报春花科	仙客来属
121	花叶艳山姜	姜科	山姜属
122	三色堇	堇菜科	堇菜属
123	蜀葵	锦葵科	蜀葵属
124	美人蕉	美人蕉科	美人蕉属
125	矮牵牛	茄科	碧冬茄属
126	铜钱草	伞形科	天胡荽属
127	广东万年青	天南星科	广东万年青属
128	龟背竹	天南星科	龟背竹属
129	春羽	天南星科	喜林芋属
130	冷水花	荨麻科	冷水花属
131	鸢尾	鸢尾科	鸢尾属
132	酢浆草	酢浆草科	酢浆草属
133	细叶芒	禾本科	芒属
134	剑麻	石蒜科	龙舌兰属
135	金盏菊	菊科	金盏菊属
竹类			
136	斑竹	禾本科	刚竹属
137	紫竹	禾本科	刚竹属
138	凤尾竹	禾本科	簕竹属

附录 C 泸州公园调查绿地植物群落照片

滨江路景观带 1 号

滨江路景观带 2 号

滨江路景观带 3 号

滨江路景观带 4 号

滨江路景观带 5 号

滨江路景观带 6 号

滨江路景观带 7 号

滨江路景观带 8 号

滨江路景观带 9 号

滨江路景观带 10 号

龙透关公园 1 号

龙透关公园 2 号

龙透关公园 3 号

龙透关公园 4 号

龙透关公园 5 号

忠山公园 1 号

忠山公园 2 号

忠山公园 3 号

忠山公园 4 号

忠山公园 5 号

忠山公园 6 号

忠山公园 7 号

忠山公园 8 号

忠山公园 9 号

忠山公园 10 号

忠山公园 11 号

忠山公园 12 号

忠山公园 13 号

忠山公园 14 号

忠山公园 15 号

附录 D 本书涉及的主要植物科名、学名

序号	种名	学名	科名
1	肾蕨	*Nephrolepis auriculata*	肾蕨科 Nephrolepidaceae
2	罗汉松	*Podocarpus macrophyllus*	罗汉松科 Podocarpaceae
3	水杉	*Metasequoia glyptostroboides*	杉科 Taxodiaceae
4	黑松	*Pinus thunbergii*	松科 Pinaceae
5	铺地柏	*Sabina procumbens*	柏科 Cupressaceae
6	冬青	*Ilex chinensis*	冬青科 Aquifoliaceae
7	枸骨	*Ilex cornuta*	冬青科 Aquifoliaceae
8	龟甲冬青	*I. crenata* 'Convexa'	冬青科 Aquifoliaceae
9	无刺枸骨	*Ilex cornuta* var. *fortunei*	冬青科 Aquifoliaceae
10	红花羊蹄甲	*Bauhinia blakeana*	豆科 Leguminosae
11	皂荚	*Gleditsia sinensis*	豆科 Leguminosae
12	鸡冠刺桐	*Erythrina crista-galli*	豆科 Leguminosae
13	黄花槐	*Sophora xanthantha*	豆科 Leguminosae
14	紫荆	*Cercis chinensis*	豆科 Leguminosae
15	杜英	*Elaeocarpus decipiens*	杜英科 Elaeocarpaceae
16	黄桷兰	*Michelia champaca*	木兰科 Magnoliaceae
17	广玉兰	*Magnolia grandiflora*	木兰科 Magnoliaceae
18	白玉兰	*Magnolia denudata*	木兰科 Magnoliaceae
19	含笑	*Michelia figo*	木兰科 Magnoliaceae
20	女贞	*Ligustrum lucidum*	木犀科 Oleaceae
21	桂花	*Osmanthus fragrans*	木犀科 Oleaceae
22	金森女贞	*Ligustrum japonicum* 'Howardii'	木犀科 Oleaceae
23	云南黄馨	*Jasminum mesnyi*	木犀科 Oleaceae
24	金叶女贞	*Ligustrum* × *vicaryi*	木犀科 Oleaceae
25	小蜡	*Ligustrum sinense*	木犀科 Oleaceae
26	小叶女贞	*Ligustrum quihoui*	木犀科 Oleaceae
27	小叶榕	*Ficus concinna*	桑科 Moraceae
28	黄葛树	*Ficus virenst. var. sublanceolata*	桑科 Moraceae
29	银桦	*Grevillea robusta*	山龙眼科 Proteaceae
30	龙眼	*Dimocarpus longan*	无患子科 Sapindaceae

序号	种名	学名	科名
31	栾树	*Koelreuteria paniculata*	无患子科 Sapindaceae
32	无患子	*Sapindus mukorossi*	无患子科 Sapindaceae
33	苹婆	*Sterculia nobilis*	梧桐科 Sterculiaceae
34	桢楠	*Phoebe zhennan*	樟科 Lauraceae
35	天竺桂	*Cinnamomum japonicum*	樟科 Lauraceae
36	香樟	*Cinnamomum camphora*	樟科 Lauraceae
37	假槟榔	*Archontophoenix alexandrae*	棕榈科 Palmae
38	蒲葵	*Livistona chinensis*	棕榈科 Palmae
39	鱼尾葵	*Caryota ochlandra*	棕榈科 Palmae
40	棕竹	*Rhapis excelsa.*	棕榈科 Palmae
41	秋枫	*Bischofia javanica*	大戟科 Euphorbiaceae
42	重阳木	*Bischofia polycarpa*	大戟科 Euphorbiaceae
43	乌桕	*Sapium sebiferum*	大戟科 Euphorbiaceae
44	枫香	*Liquidambar formosana*	金缕梅科 Hamamelidaceae
45	红花檵木	*Loropetalum chinense* var. *rubrum*	金缕梅科 Hamamelidaceae
46	蚊母树	*Distylium racemosum*	金缕梅科 Hamamelidaceae
47	臭椿	*Ailanthus altissima*	苦木科 Simaroubaceae
48	香椿	*Toona sinensis*	楝科 Meliaceae
49	灯台树	*Bothrocaryum controversum*	山茱萸科 Cornaceae
50	洒金东瀛珊瑚	*Aucuba japonica* var.*variegata*	山茱萸科 Cornaceae
51	红瑞木	*Swida alba*	山茱萸科 Cornaceae
52	法国梧桐	*Platanus orientalis*	悬铃木科 Platanaceae
53	青桐	*Firmiana platanifolia*	悬铃木科 Platanaceae
54	垂柳	*Salix babylonica*	杨柳科 Salicaceae
55	银杏	*Ginkgo biloba*	银杏科 Ginkgoaceae
56	朴树	*Celtis sinensis*	榆科 Ulmaceae
57	榆树	*Ulmus pumila*	榆科 Ulmaceae
58	蓝花楹	*Jacaranda mimosifolia*	紫葳科 Bignoniaceae
59	螺纹铁	*Dracaena deremensis*	百合科 Liliaceae
60	朱蕉	*Cordyline fruticosa*	百合科 Liliaceae
61	阔叶麦冬	*Liriope platyphylla*	百合科 Liliaceae
62	兰花三七	*Liriope platyphylla*	百合科 Liliaceae

续表

序号	种名	学名	科名
63	萱草	*Hemerocallis fulva*	百合科 Liliaceae
64	细叶麦冬	*Ophiopogon japonicus*	百合科 Liliaceae
65	沿阶草	*Ophiopogon bodinieri*	百合科 Liliaceae
66	玉簪	*Hosta plantaginea*	百合科 Liliaceae
67	一叶兰	*Aspidistra elatior*	百合科 Liliaceae
68	凤尾兰	*Trichoglottis rosea* var. *breviracema*	兰科 Orchidaceae
69	柞木	*Xylosma racemosum*	大风子科 Flacourtiaceae
70	杜鹃	*Rhododendron simsii*	杜鹃花科 Ericaceae
71	海桐	*Pittosporum tobira*	海桐花科 Pittosporaceae
72	胡颓子	*Elaeagnus pungens*	胡颓子科 Elaeagnaceae
73	金边胡颓子	*Elaeagnus pungens*	胡颓子科 Elaeagnaceae
74	雀舌黄杨	*Buxus bodinieri*	黄杨科 Buxaceae
75	蚊母树	*Distylium racemosum*	金缕梅科 Hamamelidaceae
76	枫香	*Liquidambar formosana*	金缕梅科 Hamamelidaceae
77	清香木	*Pistacia weinmannifolia*	漆树科 Anacardiaceae
78	萼距花	*Cuphea hookeriana*	千屈菜科 Lythraceae
79	紫薇	*Lagerstroemia indica*	千屈菜科 Lythraceae
80	狭叶栀子	*Gardenia stenophylla*	茜草科 Rubiaceae
81	栀子花	*Gardenia jasminoides*	茜草科 Rubiaceae
82	枇杷	*Eriobotrya japonica*	蔷薇科 Rosaceae
83	红叶石楠	*Photinia* x *fraseri*	蔷薇科 Rosaceae
84	石楠	*Photinia serrulata*	蔷薇科 Rosaceae
85	棣棠花	*Kerria japonica*	蔷薇科 Rosaceae
86	紫叶李	*Prunus cerasifera* f. *atropurpurea*	蔷薇科 Rosaceae
87	贴梗海棠	*Chaenomeles speciosa*	蔷薇科 Rosaceae
88	月季花	*Rosa chinensis*	蔷薇科 Rosaceae
89	梅	*Armeniaca mume*	蔷薇科 Rosaceae
90	绣线菊	*Spiraea salicifolia*	蔷薇科 Rosaceae
91	日本晚樱	*Cerasus serrulata* var. *lannesiana*	蔷薇科 Rosaceae
92	东京樱花	*Cerasus yedoensis*	蔷薇科 Rosaceae
93	鸳鸯茉莉	*Brunfelsia latifolia*	茄科 Solanaceae

序号	种名	学名	科名
94	矮牵牛	*Petunia hybrida*	茄科 Solanaceae
95	珊瑚树	*Viburnum odoratissimum*	忍冬科 Caprifoliaceae
96	接骨木	*Sambucus williamsii*	忍冬科 Caprifoliaceae
97	锦带花	*Weigela florida*	忍冬科 Caprifoliaceae
98	六道木	*Abelia biflora*	忍冬科 Caprifoliaceae
99	八仙花	*Hydrangea macrophylla*	忍冬科 Caprifoliaceae
100	茶梅	*Camellia sasanqua*	山茶科 Theaceae
101	山茶	*Camellia japonica*	山茶科 Theaceae
102	苏铁	*Cycas revoluta*	苏铁科 Cycadaceae
103	金边大叶黄杨	*Euonymus japonicus* var. *Aureso-marginatus*	卫矛科 Celastraceae
104	八角金盘	*Fatsia japonica*	五加科 Araliaceae
105	鹅掌柴	*Schefflera octophylla*	五加科 Araliaceae
106	南天竹	*Nandina domestic*	小檗科 Berberidaceae
107	狭叶十大功劳	*Mahonia fortunei*	小檗科 Berberidaceae
108	野牡丹	*Paeonia delavayi*	野牡丹科 Melastomataceae
109	牡丹	*Paeonia suffruticosa*	野牡丹科 Melastomataceae
110	香泡	*Citrus medica*	芸香科 Rutaceae
111	九里香	*Murraya exotica*	芸香科 Rutaceae
112	三角梅	*Bougainvillea glabra*	紫茉莉科 Nyctaginaceae
113	木芙蓉	*Hibiscus mutabilis*	锦葵科 Malvaceae
114	木槿	*Hibiscus syriacus*	锦葵科 Malvaceae
115	蜀葵	*Althaea rosea*	锦葵科 Malvaceae
116	蜡梅	*Chimonanthus praecox*	蜡梅科 Calycanthaceae
117	红枫	*Acer palmatum* 'Atropurpureum'	槭树科 Aceraceae
118	鸡爪槭	*Acer palmatum*	槭树科 Aceraceae
119	结香	*Edgeworthia chrysantha*	瑞香科 Thymelaeaceae
120	金丝桃	*Hypericum monogynum*	藤黄科 Guttiferae
121	芭蕉	*Musa basjoo*	芭蕉科 Musaceae
122	报春花	*Primula malacoides*	报春花科 Primulaceae
123	仙客来	*Cyclamen persicum*	报春花科 Primulaceae
124	花叶艳山姜	*Alpinia zerumbet* 'Variegata'	姜科 Zingiberaceae

续表

序号	种名	学名	科名
125	三色堇	*Viola tricolor*	堇菜科 Violaceae
126	美人蕉	*Canna indica*	美人蕉科 Cannaceae
127	铜钱草	*Hydrocotyle chinensis*	伞形科 Umbelliferae
128	广东万年青	*Aglaonema modestum*	天南星科 Araceae
129	龟背竹	*Monstera deliciosa*	天南星科 Araceae
130	春羽	*Philodenron selloum*	天南星科 Araceae
131	冷水花	*Pilea notata*	荨麻科 Urticaceae
132	鸢尾	*Iris tectorum*	鸢尾科 Iridaceae
133	酢浆草	*Oxalis corniculata*	酢浆草科 Oxalidaceae
134	斑竹	*Phyllostachys bambusoides* f. *lacrima-dea*	禾本科 Gramineae
135	紫竹	*Phyllostachys nigra*	禾本科 Gramineae
136	凤尾竹	*Bambusa multiplex*	禾本科 Gramineae
137	剑麻	*Agave sisalana*	石蒜科 Amaryllidaceae
138	金盏菊	*Calendula officinalis*	菊科 Asteraceae

参 考 文 献

[1]   Church T D, Hall G M, Laurie M. Gardens are for People[M]. California: University of California Press, 1995.

[2]   Frampton K. Towards a Critical Regionalism: Six Points for an Architecture of Resistance[M]. Seattle: Bay Press, 1985.

[3]   Fleming L. 1972 The gardens of Roberto Burle Marx[J]. Journal of the Royal Horticultural Society.

[4]   Hamerman C, Marx R B. Roberto Burle Marx: The Last Interview[J]. Journal of Decorative & Propaganda Arts, 1995.

[5]   Ogrin D. The world heritage of gardens[M]. London: Thames & Hudson, 1993.

[6]   Walker P, Simo M L. Invisible gardens: the search for modernism in the American landscape[M]. Massachusetts: MIT Press, 1996.

[7]   （晋）常璩 . 华阳国志 [M].

[8]   （南宋）王象之 . 舆地纪胜 [M]. 香港：中华书局，1992.

[9]   （南宋）罗大经 . 鹤林玉露 [M]. 香港：中华书局，1992.

[10]   （元）脱脱，阿鲁图，等 . 宋史 [M].

[11]   （明）顾祖禹 . 方舆纪要 [M]. 香港：中华书局，2005.

[12]   （明）解缙 . 永乐大典 [M]. 北京：北京图书馆出版社，2002.

[13]   （明）陆应阳 . 广舆记 [M].

[14]   （明）张天复 . 皇舆考 [M].

[15]   （清）蔡毓荣，等修 . 钱受祺，等纂 .（康熙）四川通志 [M].

[16]   （清）夏诏新 . 乾隆直隶泸州志 [M].

[17]   （清）常明，杨芳灿，等纂修 .（嘉庆）四川通志 [M].

[18]   陈波 . 杭州西湖园林植物配置研究 [D]. 杭江：浙江大学园艺学，2006.

[19]   陈从周 . 说园 [M]. 上海：同济大学出版社，2007.

[20]   陈娟 . 景观的地域性特色研究 [D]. 长沙：中南林业科技大学，2006.

[21]   蔡军 . 继承与创新的文化原则在园林规划设计中的应用 [D]. 雅安：四川农业大学，2006.

[22]   陈其兵，杨玉培 . 西蜀园林 [M]. 北京：中国林业出版社，2010.

[23]   陈世松，喻亨仁，赵永康 . 宋元之际的泸州（修订本）[M]. 香港：中国统一出版社，2015.

[24]   郭美玲 . 论园林中的地形处理 [J]. 科技致富向导，2012(17).

[25]   高萍 . 海口骑楼老街历史文化寻踪 [J]. 新东方，2012(4):35-36.

[26]   高雅清 . 地域·文化——创造具有特色的现代景观 [D]. 北京：北京林业大学，2010.

[27]   华强 . 泸州报恩塔历史及文化景观价值探析 [J]. 重庆文理学院学报，2010,29(4):10-14.

[28]   黄石市城乡建设信息网 . 两江四岸尽生态，山水园林在泸州——四川省泸州创建国家园林城市侧记 [EB/OL]. http://www.hsjgw.gov.cn/View/2013/10/11/15015.html.

[29]   计成著，陈植注释 . 园冶注释 [M]. 北京：中国建筑工业出版社，1988.

[30]   蒋文彬 . 日本景观用石文化应用研究 [D]. 南京：南京林业大学，2013.

[31] 肯尼斯·弗兰姆普顿.现代建筑——一部批判的历史 [M].原山,译.北京:中国建筑工业出版社,1988.

[32] 凯文·林奇著,方益萍,何晓军译.城市意象 [M].北京:华夏出版社,2001.

[33] 李丙发.城市公园中地域文化的表达 [D].北京:北京林业大学,2010.

[34] 廉丽华.邯郸市公园绿地植物群落特征研究 [D].保定:河北农业大学,2010.

[35] 李娜,李泽新,谢大成.传承城市文脉的城市设计方法初探——以泸州市沱江两岸景观概念性城市设计为例 [J].重庆建筑大学学报,2008,30(6),22-27.

[36] 李瑞君.环境艺术设计十论 [M].北京:中国电力出版社,2008.

[37] 李仁伟,张宏达,杨清培.四川被子植物区系特征的初步研究 [J].植物分类与资源学报,2001,23(4),403-414.

[38] 刘拥春,周金镍.海口骑楼老街景观研究 [J].安徽农业科学,2010,38(19):10395-10398.

[39] 郦芷若,朱建宁.西方园林 [M].郑州:河南科学技术出版社,2001.

[40] 泸州论坛.泸州名胜古迹——锁江塔 [EB/OL].http://0830bbs.com/forum.php?mod=viewthread&tid=22927&extra=page%3D9%26filter%3Dtypeid%26typeid%3D15,2007.

[41] 泸州论坛.泸州历史名园——中城公园 [EB/OL].http://0830bbs.com/forum.php?mod=viewthread&tid=14764&extra=page%3D1%26filter%3Dtypeid%26typeid%3D15,2007.

[42] 泸州市林业局编.泸州市林业志 [M].北京:中国林业出版社,1994.

[43] 泸州市政府网.自然概况 [EB/OL].http://www.luzhou.gov.cn/sq/zjlz/zrgk,2016.

[44] 泸州市政府网.2016年我市GDP达1481亿元增速位居全省第一 [EB/OL].http://www.luzhou.gov.cn/Item/145032.aspx,2017.

[45] 泸州新闻网.《博周刊》专辑：一条不可复制的滨江路 [EB/OL],https://m.baidu.com/from=844b/ssid=04e1515f5f66616e6379dc31/bd_page_type=1/uid=0/pu=usm%400%2Csz%401320_2001%2Cta%40,2014.

[46] 马蓉,陈抗,钟文,等点校.永乐大典方志辑佚 [M].北京:中华书局,2004.

[47] 戚影.生态建筑与可持续建筑发展 [J].建筑学报,1998(6):19-21.

[48] 任京燕.巴西风景园林设计大师布雷·马科斯的设计及影响 [J].中国园林,2000(5):60-63.

[49] 四川大学图书馆馆藏.四川大学图书馆馆藏珍稀四川地方志丛刊 [M].成都:巴蜀书社,2009

[50] 四川省泸县县志办公室编纂.泸县志 [M].成都:四川科学技术出版社,1993.

[51] 尚书.西安园林植物景观的地域性特色研究 [D].北京:北京林业大学,2012.

[52] 苏雪痕.西方园林景观 [J].百年建筑,2005(3):72-73.

[53] 王超琼.银川市园林植物景观地域性特色研究 [D].北京:北京林业大学,2015.

[54] 王梦梅.以情筑景——浅谈中国古典私家园林水榭的营造 [D].杭州:中国美术学院,2014.

[55] 王晓波,姚乐野.四川大学图书馆馆藏珍稀四川地方志丛刊 [M].成都:巴蜀书社,2009.

[56] 吴樱.巴蜀传统建筑地域特色研究 [D].重庆:重庆大学,2007.

[57] 徐蕾.海南园林景观的地域性研究 [D].海口:海南大学,2013.

[58] 杨建虎.乡土植物与城市园林绿化中的景观营造 [D].西安:西安建筑科技大学设计艺术学系,2006.

[59] 俞孔坚.以土地的名义:对景观设计的理解 [J].建筑创作,2003(7):28-29.

[60] 俞孔坚,李迪华,吉庆萍.景观与城市的生态设计:概念与原理 [J].中国园林,2001.17(6):3-10.

[61] 杨赉丽.城市园林绿地规划 [M].北京:中国林业出版社,2012.

[62] 杨鑫.地域性景观设计理论研究 [D].北京:北京林业大学,2009.

[63] 杨有润. 成都羊子山土台遗址清理报告 [J]. 考古学报, 1957(4):17-31.

[64] 闫煜涛, 白丹. 千年帝都, 牡丹花城——洛阳城市园林特色探究 [J]. 山东林业科技, 2009, 39(1):116-118.

[65] 朱晗. 徽州地区地域景观研究 [D]. 北京：北京林业大学, 2014.

[66] 郑慧莹. 法瑞地植物学派的特征种概念及其有关问题 [J]. 植物生态学报, 1964(1):130-136.

[67] 朱建宁. 法国风景园林大师米歇尔·高哈汝及其苏塞公园 [J]. 中国园林, 2000, 16(6):58-61.

[68] 朱建宁, 丁珂. 法国国家建筑师菲利普·马岱克与法国风景园林大师米歇尔·高哈汝访谈 [J]. 中国园林, 2004, 20(5):1-6.

[69] 周柯佳. 川西衙署园林艺术探析 [D]. 雅安：四川农业大学, 2015. .

[70] 周乐. 地域性特色景观在重庆的探索与营造 [D]. 重庆：重庆大学, 2012.

[71] 张荣平, 秦荷璠. 园林景观小品创新设计探析 [J]. 基层建设, 2015.

[72] 张婷. 郊野公园植物群落配置研究 [D]. 上海：上海交通大学, 2010.

[73] 周维权. 中国古典园林史（第三版）[M]. 北京：清华大学出版社, 2008.

[74] 周向频. 跨越园林新世纪——全球化趋势与中国园林的境遇及发展 [J]. 城市规划汇刊, 2001.

[75] 周怡. 城市景观设计的地域性表达探究 [D]. 长沙：中南林业科技大学, 2012.

[76] 钟信. 西蜀古代园林史研究初探 [D]. 雅安：四川农业大学, 2010.

[77] 赵永康. 泸州地方史论稿 [M]. 泸州：泸州市人民政府, 1998.

[78] 赵有声, 青虹宏. 重庆园林地域特色研究刍议 [J]. 重庆建筑, 2003(5):9-12.

[79] 赵永康. 泸州人文地理大纲 [EB/OL]. http://photo.lzep.cn/2012/0706/74017_2.html, 2012.

[80] 针之谷钟吉. 西方造园变迁史——从伊甸园到天然公园 [M]. 北京：中国建筑工业出版社, 1999.